Silke Braemer

Auf Augenhöhe mit Hühnern

Gedruckt auf
100% Recyclingpapier

Auf Augenhöhe mit Hühnern

Erlebnisse mit gefiederten Mitbewohnern

erzählt und gezeichnet von Silke Braemer

Herzlichen Dank

an Inge Osswald für die Ermutigungen,
alles aufzuschreiben,
an die »hühnerkundige Tante« Christine
Adrian für viele wertvolle Tipps,
an meine Cousine Dr. Judith Adrian für
unterstützende Beratung bei Krankheit
und Pflege,
an Werner Zech für den Bau des
Hühnerhauses und gelegentliches
Hühnersitting und
an unsere Nachbarn Christoph und
Bianca und ganz besonders Sonja für
die großzügige nachbarschaftliche
Unterstützung.

Vielen herzlichen Dank auch an lie-
be Freunde fürs Probelesen und
Anregungengeben und an unsere
Buchhändlerin Annette Böder, die die
Idee hatte, sich an den pala-verlag zu
wenden.

Inhalt

Prolog

Wir beide hatten noch nie Hühner ge-habt. Meine Freundin Inge überhaupt noch keine Tiere, auch als Kind nicht. Sie stellte sich vor, dass man mit Schutz-anzug und -brille den Hühnerstall (und die Hühner?!) regelmäßig mit dem Hochdruckreiniger sauber machen muss und es trotzdem überall im Garten nach Hühnermist riecht. Ich bin mit vielerlei Tieren aufgewachsen und stellte mir vor, dass Hühner ein weitgehend unabhängi-ges Leben führen. Die meisten Hühner, die ich gesehen hatte, waren scheu und dünn, hatten verschmutzte Hintern und

bekamen ein- oder zweimal am Tag eine Handvoll Körner hingeworfen – in einem ansonsten völlig kargen Auslauf.

Einig waren wir uns nur darüber, dass wir unsere Hühner gut behandeln und nicht sofort wieder an Marder oder Fuchs verlieren wollten – und so baute ich vor der Anschaffung der Hühner mit Werner, unserem Handwerker-freund, ein stabiles und marderfestes Hühnerhaus.

Wie erstaunt waren wir, als wir dann fünf Lebewesen kennenlernten, die nicht nur schnell zutraulich wurden, sondern auch ausgeprägte Persönlichkeiten hatten! Jedes Huhn ist ein besonderes Wesen, mit Gefühlen, Vorlieben und Abneigungen, Stärken und Schwächen.

Die Hühnergruppe, zufällig zusammengestellt, hat lebendige soziale Kontakte, Konflikte, Freundschaften – und natürlich eine Rangordnung.

Besonders fasziniert waren wir davon, wie menschenbezogen und anhänglich Hühner sein können und wie selbstverständlich und differenziert sie von Anfang an mit uns kommunizierten.

Die fünf Hauptdarstellerinnen

Berta

Berta, die Unerschrockene, ist die Chefin. Eine braune Henne mit rotbraunem Gefieder, intelligent, pflichtbewusst, kommunikativ und in jeder Hinsicht die geborene Leithenne. Ihrem scharfen Blick entgeht (fast) nichts! Sie hat keine Angst vor Menschen und lässt sich ohne Weiteres auf den Arm nehmen. Meist weiß sie, wo es langgeht, und geht voran. Auch Vorkosterin ist sie. Was sie frisst, fressen auch die anderen.

Ihr Verständnis des Chefin-Seins ist, dass sie – und nur sie – die leckersten Happen als Erste bekommt, die anderen haben zu warten. Wenn sie im Futter etwas besonders schmackhaft findet, stellt sie sich kurzerhand drauf. Wer sich nicht an ihre Regeln hält, wird kurz gepickt – oder bestiegen, wie von einem Hahn, wobei im schlimmsten Fall auch noch am Kamm gezogen wird, um ihrer Autorität Nachdruck zu verleihen.

Die Untergebenen, denen dies widerfährt, schütteln sich dann kurz – und geben ihren Unmut meist sofort weiter, indem sie ihrerseits ein anderes, im Rang gleichwertiges oder niedrigeres Huhn picken. (Hühner sind eben auch nur Menschen.)

Berta ist so gezüchtet, dass sie zuverlässig fast jeden Tag ein Ei legt. Sie nimmt das auch sehr ernst: »Erst das Ei, dann das Vergnügen.«

Berta konnte von Anfang an so mit mir kommunizieren, dass ich sie verstand.

Mimi

Mimi ist – wie Berta – eine braune Henne, legt fast jeden Tag, hat aber ein völlig anderes Wesen. Am Anfang verhielt sie sich möglichst unauffällig, stets im »Windschatten« von Berta. Sie war oft langsamer als die anderen und verpasste manchmal den Anschluss, wenn die Gruppe den Standort wechselte. Inzwischen ist sie selbstbewusster und zeigt auch ganz andere Seiten. Eine ihrer Stärken ist, sehr genau hinzusehen, zu beobachten und geduldig auszuprobieren. Selbst kleinste Details entgehen ihr nicht. Wenn es kleine Ritzen im Steckzaun gibt, entdeckt Mimi sie sofort und

quetscht sich in einem unbemerkten Augenblick hindurch. Doch dann weiß sie nicht weiter. Sie sitzt und wartet eine Weile außerhalb des Geheges – bis es ihr zu langweilig wird und sie sich

11

zurück durch den Zaun zu ihrer Gruppe quetscht. Eine Spur von kleinen Federn, die am Zaun hängen geblieben sind, und Kot-Klekse außerhalb des Geheges erzählen die Geschichte. Mimi ist gemütvoll und hat eine laute, tiefe und raue Stimme. Seit einem gemeinsamen Ausflug zum Tierarzt hat sie mich in ihr Hühnerherz geschlossen. Ich gehöre dazu, findet sie, und so ruft sie mich manchmal, wenn ich im Garten arbeite. Ihre Leidenschaft ist es, stundenlang im Sand zu baden.

Dickie

Dickie mit weißem Gefieder und hübscher, schwarzer Halskrause ist eine Sussex Henne.

Sie hat einen besonderen Hang zu den genüsslichen und beschaulichen Seiten des Lebens und macht auch mal Pausen beim Legen – wenn es zum

Beispiel zu heiß ist. Gutmütig und ausgeglichen, ist sie die einzige Henne, die sich mit allen anderen versteht. Sie war auch diejenige, die als Erste auf meinen Schoß hüpfte, um mich aus der Nähe zu betrachten. Da saßen wir dann und sahen uns an. Ich dachte darüber nach, wie erstaunlich ähnlich wir uns sind. Was sie wohl dachte?

Manchmal sitzt sie lange und still auf einer halben »Trotte« und schaut in die Gegend. Eine Trotte ist eine Traubenpresse, in der früher Weintrauben ausgedrückt wurden, umfunktioniert zu zwei Lieblingshäuschen der Hühner im Auslauf. Vielleicht denkt sie über die magische Welt der Menschen oder über das Dasein als Huhn nach. Wenn wir im Garten sind, legt sie sich als Erste ganz dicht an den Zaun, um uns nahe zu sein.

Immer wieder macht sie ein ganz merkwürdig schnarrendes Geräusch. Zuerst dachte ich: »Das Tier hat Lungenentzündung und kriegt keine Luft!« Dickies entspannte Körperhaltung sagte aber etwas ganz anderes und mir wurde klar, dass es Laute höchsten Wohlbehagens waren – wie Schnurren bei Katzen! Inzwischen machen die anderen auch manchmal dieses Geräusch, zum Beispiel beim Sandbaden, wenn sie, sich genüsslich wälzend, mit einem Bein in der Luft rudern. Dickie kann das schönste Tremolo.

Merle

Merle, weiß-grau gesperbert, ist wahrscheinlich eine Amrok Henne. Sie ist sehr hübsch und scheint das auch zu wissen. Merle achtet sehr auf ihr Äußeres, putzt sich oft und frisst besonders gern Obst und Gemüse. Sie ist schüchterner als die anderen, gleichzeitig aber auch sehr mutig. Oft ist sie die Erste, die eine Gefahr wahrnimmt und die anderen warnt. Als unerfahrene Junghenne warnte sie vor allem, was flog, sogar vor Schmetterlingen und Spatzen. Wenn echte Gefahr droht, richtet sie sich mit gesträubtem Gefieder hoch auf und wird zur »wehrhaften Flaschenbürste«,

auch bei deutlich größeren Feinden, wie zum Beispiel einem Hund.

Merle regt sich auf über Dinge, die nicht so sind, wie sie ihrer Meinung nach sein sollten, zum Beispiel, wenn zu viele Spatzen im Hühnerhaus fressen.

Die anderen Hühner kümmern sich nicht weiter um die frechen Gäste, Merle trompetet laut mit kurzen Stößen, die ich bis jetzt nur von ihr kenne. Auch wenn abends das Abendessen nicht pünktlich kommt, trompetet sie. Alles muss seine Ordnung haben!

Wir haben Merles Ego heimlich – ohne dass Berta es sehen konnte – mit Mehlwürmern aufgepeppt. Es wirkte sofort und so darf sie inzwischen zusammen mit den anderen auf den Schlafstangen schlafen. Merle pflückt gerne Blümchen – aber nur die Blütenblätter.

Nöli

Von Anfang an war Nöli irgendwie anders als die anderen, eine Außenseiterin. Sie hat lange Beine und ihr Augenschnitt ist schmaler und schräger als bei den Kolleginnen. Das gibt ihr einen etwas wilden Blick. Vermutlich ist sie ein »Italienisches Huhn«, groß und stolz. Zuerst nannten wir sie »Black Pearl« wegen ihres wunderschön schwarz-grün schillernden Gefieders mit braunem Kragen. Der Name wurde bald zu »Pearli«. Da sie sich aber viel und lautstark beschwerte, änderte er sich jedoch kurz darauf zu »Nöli«. Sie hatte von Anfang an einen auffallend starken Bewegungsdrang und

15

machte selten Siesta mit den anderen.
Während diese mittags unter der halben
Trotte dösen, spaziert sie mit großen
Schritten und fängt Fliegen, selbst in der
größten Hitze. Sie ist die Sportlerin in
der Gruppe. Mühelos kann sie auf die
große Komposttonne springen – und ab
und zu fängt sie sogar eine Eidechse!

Das erste Jahr

März

»Wie viele?« Die haarige Hand des Händlers greift geübt in eine der vielen nach Geflügelfarben sortierten flachen Kisten auf seinem Hänger, Zeige- und Mittelfinger unter die Flügel, und steckt die jungen Hennen blitzschnell in einen Karton.

Zwei Braune, ein Weißes, ein Schwarzes, ein grau-weiß Gesprenkeltes. »Macht 50 Euro.« So fing es an.

Die Hühner waren genauso perplex wie wir Menschen. Sie waren 22 Wochen alt, kurz vor dem legefähigen Alter.

»Eisperre!« hatte der Händler gesagt. Die erste Nacht im Hühnerhaus muss sehr turbulent gewesen sein. Wasser- und Körnergefäße waren umgefallen, Sägespäne überall, sogar die Holzwände hoch. Offenbar hatten die Hühner heftig über die zukünftige Rangordnung »diskutiert«. Nach dieser Nacht bestand kein Zweifel mehr: Eine der beiden Braunen

ist die Chefin! Wer daran zweifelt oder es vergisst, wird mit Nachdruck von ihr erinnert.

Es gibt strenge Regeln. Nur »anerkannte« Mitglieder der Gruppe dürfen auf den Schlafstangen schlafen. Das grau-weiß gesperberte Huhn, anfangs noch etwas schüchtern, musste die ersten Nächte auf dem Boden verbringen.

Das Wetter ist herrlich und so oft es geht, sitzen wir im Garten und schauen den Hühnern zu. »Chicken Chilling« nennt es unser Nachbar Christoph. Dabei haben wir die Entdeckung gemacht: Glückliche Hühner machen glücklich!

Die fünf jungen Hennen sind ohne Scheu, suchen sogar unsere Nähe. Sie sind bereit, alles mitzumachen, der neue Hühnerstall ist akzeptiert. »Ach so läuft das hier, hier wird geschlafen, da gelegt, ok, alles klar!« Sie sind neugierig, fantasievoll, kommunikativ.

Unser alter Winzerhof liegt am Dorfrand von Ihringen am Kaiserstuhl, in einer fruchtbaren Gegend im milden Südwesten Deutschlands.

Ihringen ist bekannt für seine ausgezeichneten Weine und sein aromatisches Obst. Unser Garten grenzt direkt an einen Weinberg. In den alten Höfen im Dorf nisten Schwalben, leben Mäuse und Marder. Die Marder fühlen sich unter den alten Scheunen- und Schuppendächern, die oft direkt aneinander grenzen, wohl und verbringen die kalten Monate dort in der Nähe der Menschen. In und über den Weinbergen leben viele Vogelarten: Horden von Spatzen, Amseln, Meisen, Rotschwänzchen, Stare, aber auch Bienenfresser, Wiedehopfe, kleine und große Greifvögel wie Habicht, Bussard und Rotmilan. Für viele Menschen ist Ihringen das Weindorf schlechthin. Für uns war es von Anfang an Vogelland.

April

Unsere Hühnermädels sind intelligent, fix, anpassungsfähig, neugierig und zutraulich. Nach drei Tagen konnten sie uns und unsere Nachbarn auseinanderhalten – und das, obwohl wir mehrere Leute sind, welche immer wieder das »Gefieder« wechseln. Ich denke, sie erkennen uns an unseren Bewegungen und Stimmen, schauen uns aber auch von unten direkt ins Gesicht. Als unsere dunkelhäutige afrikanische Freundin Naomi da war, schauten sie ihr besonders lange ins Gesicht. »Anders!«

Im Moment sind sie so sportlich, dass sie ohne Anstrengung über den Zaun flattern könnten. Über diesen habe ich ein großes Netz gelegt, schon allein, weil wir nicht sicher sind, wie groß das Interesse der Greifvögel an leckeren Hennen ist. Die Greifvögel kreisen manchmal erstaunlich lange über unseren Köpfen.

Das Eierlegen klappt auch schon, es sind ganz kleine Eier, die im Eierbecher grade mal über den Rand hinausragen. Die Hühner sitzen sehr lange auf dem Nest und drücken. Wenn das Ei gelegt ist, gibt es großes Gegacker. Beim allerersten Mal rannten alle, um zu sehen, was los ist: im Gehege die Hühner, außerhalb die Menschen. Hennen legen auch ohne Hahn regelmäßig, dann eben unbefruchtete Eier.

Als wir eines Morgens aufwachten, saßen auf dem gegenüberliegenden Dach drei Bienenfresser, jeder mit einer dicken schwarzen Holzbiene im Schnabel. Sie sahen aus wie hingesetzt. In dem Moment war natürlich keine Kamera in der Nähe. Vogelland.

Inzwischen erfreuen die Hühner die ganze Nachbarschaft, unsere Freunde und die Feriengäste, die bei uns übernachten. Auch Freunde unserer Mitbewohner Maria und Simon kommen zum Hühnergucken. Wir verschenken Eier, bekommen dafür Grasschnitt und Löwenzahn. Kinder bringen zerdrückte Gänseblümchen, Erwachsene bleiben

zum meditativen »Chicken Chillen«. Erstaunlich, dass Hühner in einem Dorf so viel Aufmerksamkeit erregen. Einige Besucher erinnern sich an ihre Kindheit und die Oma, die Hühner hatte. Aber die meisten Erzählungen enden mit: »... und eines Nachts kam der Marder und dann war's aus mit den Hühnern!«

»Unser« Marder, der früher ungestört in unserem Hof lebte, ist verärgert. Wir haben ihn durch unsere Renovierung aus seinem angestammten Winterquartier vertrieben – und dann auch noch seinen Garten besetzt. Er zeigt seine Empörung und seinen Unmut durch Kothäufchen an Stellen im Hof oder Garten, an denen wir uns oft aufhalten. Gern hinterlässt er seine Botschaft auch im Innenhof in der Nähe unserer Eingangstür.

Er ist sehr hartnäckig. Seit wir auch noch seine »Schatzsammlung« mit einer kleinen einarmigen Puppe, etwas Alufolie und einem toten Fisch entdeckt und weggenommen haben, ist er besonders verärgert. Er versucht jetzt mit aller Kraft dort, wo früher Ritzen waren, ins Dach zu kommen. Seine Kratzspuren sehen wir deutlich, aber er kommt nicht mehr hinein. Nachts höre ich ihn manchmal über das Scheunendach klettern, die Ziegel klappern leise. Am Hühnerhaus hat er sich noch nicht zu schaffen gemacht.

Die gefiederten Damen teilen uns sehr deutlich und höchst differenziert all das mit, was ihnen wichtig ist. Das zeigt, dass ihre Art schon lange – seit mindestens achttausend Jahren – mit Menschen zusammenlebt. Dass die Kommunikation so gut funktioniert, ist trotzdem erstaunlich, denn genetisch gesehen, haben wir nicht viele Gemeinsamkeiten. Hühner stammen von Dinosauriern ab, wir hingegen von kleinen Säugetieren. In ihrer Kommunikation gibt es die ganze Palette von »alles ok, wir sind zufrieden und freuen uns, dass Du da bist«, ein ganz entzückendes leises Geräusch, bis hin zu Knatschen in ernst zu nehmender Beschwerdelautstärke. Ich ahme ihre Laute nach und lerne langsam, welche Bedeutung sie haben. Über meinen sicherlich schweren menschlichen Akzent sehen sie großzügig hinweg. Hühner sind geduldige Lehrerinnen.

Jede Form der Zuwendung begeistert sie, natürlich besonders das Futter betreffend. Werden Hühner jemals satt? Können sie sich überfressen? Ein großer Haufen Löwenzahn ist in Kürze verspeist. Unsere Damen fressen (und koten) Unmengen, wirklich erstaunlich für diese kleinen Körper. Jede produziert nun schon täglich ein Ei – und diese werden, wie auch die Hühner, langsam dicker. Besonders lieben sie es, von Hand gefüttert zu werden, es schmeckt dann einfach besser. Diese Art der Zuwendung hat auch praktische Vorteile. Salat oder Sauerampfer beispielsweise kann leichter von festgehaltenen Blättern abgezupft werden. Manchmal stehen die Hühner selbst auf dem Blatt, aber das scheint eher zufällig zu geschehen.

Beim »Chicken Chillen« sitzen die Hühner so dicht wie möglich bei uns. Wenn wir außerhalb des Zauns sind, drücken sie sich von innen dagegen. Wenn wir im Inneren des Geheges sitzen, lassen sie sich am liebsten unter unseren Stühlen oder neben unseren Füßen nieder. Ich denke, sie fühlen sich sicher in unserer Gegenwart und mögen unsere Gesellschaft. Das freut uns.

Vielleicht liegt es auch daran, dass sie – so wie sie vermutlich im Aufzuchthof aufwuchsen, nämlich in der Masse mit Gleichaltrigen – nie eine Glucke hatten, die ihnen die Welt gezeigt und erklärt hat.

Mai

Als »Oberhenne«, welche auch für Hygiene und Gesundheit zuständig ist, freue ich mich über meinen Hühnerhausentwurf, über den ich lange nachgedacht habe (Infos ab Seite 118). Das Haus sollte hühner- und menschenfreundlich sein. Es ist stabil und sicher gebaut, bietet Schutz vor Marder und Füchsen, die hier am Weinberg bequemen Zugang haben. Es hat ein Fundament, damit wir sofort sehen können, wenn ein Fuchs versucht, zu untergraben. Das Drahtgeflecht ist fest, sodass auch unser verärgerter Marder keine Chance hat. Es ist leicht sauber zu halten, das Schlafhaus mit Kotbox befindet sich in einer für Menschen bequemen Stehhöhe.

Zum leichteren Reinigen ist es von zwei Seiten zu öffnen. Es gibt zwei Türchen für die Hühner und eine für Menschen. Inzwischen ist es von den Hühnern ganz selbstverständlich als ihr Haus angenommen. Wenn ein gefährlich klingender Traktor vorbeirattert, rennen sie schnell hinein.

Hühner sind reinlich, das hatte ich gar nicht erwartet. Sie koten vor allem nachts, in die eigens dafür gebaute Kotbox unter den Schlafstangen. Dort liegt mehrlagig Zeitungspapier aus, welches ein- bis zweimal die Woche als gehalt-

volle Rolle in den Kompost wandert – zur Freude der Regenwürmer und später der Tomaten und Rosen. Zusammen mit etwas Urgesteinsmehl, den Küchenabfällen unserer Mitbewohner, der Feriengäste und von uns, dazu noch Gartenabfälle und Einstreu, ergibt dies die herrlichste Komposterde. Da lacht das Gärtnerinnenherz!

Oh nein, der Marder hat Nachwuchs! Eines der Kleinen ging mitten am Tag in der Regenrinne auf uns zu, neugierig und völlig unbefangen. Zwei dunkle Knopfaugen mit kleinen Plüschohren, sehr niedlich. Dann erschien in der Scheune der Kopf eines erwachsenen

Tieres und rief es zurück. Das Kleine stutzte, schaute sich um und rannte dann so schnell es konnte zurück zu seinen Artgenossen.

Ein Amselpaar hat im Innenhof gebrütet. Das Nest ist hoch oben in der großen, dichten Kletterrose, von unten nicht sichtbar. Das Elternpaar hat alle Flügel und Schnäbel voll zu tun, um die Jungen satt zu bekommen. Wenn die erwachsenen Amseln angeflogen kommen, setzen sie sich zuerst auf das Geländer auf der anderen Seite des Innenhofs, bevor sie zum Nest fliegen.

Die Luft ist voll vom Gesirre der Bienenfresser, ein wunderschönes Geräusch. Manchmal hören wir Wiedehopfe mit ihrem dumpfen Drei-mal-Ruf. Die Hühner wandeln zwischen Margeriten – ein Bild heiler Welt.

Unsere fünf sind inzwischen zu rundlichen Damen herangewachsen und erfreuen uns täglich mit Eiern und ihrem freundlich huhnigen Wesen. Ihre Lieblingsbeschäftigung ist immer noch »Löwenzahn aufräumen«. Sie sehen sehr appetitlich aus mit ihren sauberen Daunenpluderhosen, glänzendem Gefieder, roten Kämmen. Sie sind neugierig und schätzen einen Plausch am Zaun. So soll es sein.

Gestern Nacht wurde ich von einem merkwürdig kratzenden Geräusch wach. Krallen an Metall. Dann ein Schrei,

heftiges Rascheln, Stille. Es war zu dunkel, um etwas erkennen zu können. Am nächsten Morgen war klar, dass der Marder sich an der Regenrinne auf der anderen Seite des Innenhofs entlanggehangelt hatte, um von oben an das Amselnest zu gelangen. Keine jungen

Amseln mehr! Der Amselvater saß noch tagelang auf dem Geländer gegenüber und schaute in Richtung Nest. So traurig!

Heute war der erste Ausflug in das verwilderte Nachbargrundstück. Unsere liebenswürdige Nachbarin Sonja stellt es uns zur Verfügung, Pacht zahlen wir in Eierwährung.

Was für ein Abenteuer! Hohes Gras, Gebüsch, Obstbäume, Maulwurfshügel und sogar ein Ameisennest mit Puppen, lecker! Alles ganz neu und aufregend für unsere Mädels. Wir setzten uns dazu und sie erforschten vorsichtig das Gelände, etwa 100 Quadratmeter. Erst um uns he-

rum, dann mutig auch etwas entfernter, der Radius wurde langsam größer. Als ein Gewitter kam, wichen sie nicht mehr von unserer Seite und waren sichtlich erleichtert, als sie wieder im vertrauten Hühnerhaus ankamen. Am liebsten würden wir sie knuddeln – aber das mögen sie nicht.

Dreißig Krallen und fünf Schnäbel sind erstaunlich effektiv im »Niedermachen« einer Wiese. Wir hatten die Gründlichkeit der Bodenbearbeitung deutlich unterschätzt und waren glücklich über die Erweiterung im Nachbargrundstück. So können wir den Hühnern jetzt wechselnde »Weidegründe« anbieten

– und dem Gras die Chance geben, wieder nachzuwachsen. Es dauert nur vier bis sechs Wochen – je nach Größe der Fläche, Wetter und Jahreszeit –, bis eine Fläche abgegrast ist. Die Kunst ist, rechtzeitig eine neue Fläche anzubieten – nicht erst, wenn die Graswurzeln restlos weggescharrt sind.

Als gewissenhafte Oberhenne schwinge ich mich so oft wie möglich auf's Rad, um Löwenzahnnachschub zu holen. Am liebsten knacken die Mädels mit den Stängeln. Es klingt wie Popcorn. Sie fressen alles mit, sogar die Pusteblume. Außerdem gehe ich jetzt immer mit mindestens einem »Hühnerauge« einkaufen, also sehe im Laden auch das, was Hühnern schmecken würde.

Sonja sagt: »Es sind eben Prinzessinnen.« Stimmt.

Juni

Wir haben einen guten Rhythmus gefunden. Morgens lassen wir die Mädels raus, entweder zum Abenteuerspielplatz bei Sonja oder bei uns, wo sie sich schon gut auskennen. Sie legen meist vormittags ihre Eier. Abends kommen sie gern rein, denn da gibt es kaltes Buffet. Im Moment geraspelte Zucchini und Frühlingszwiebeln mit matschigen Pfirsichen an eingeweichtem Brot und Liebstöckelstängeln. Alles schnabelgerecht geraspelt oder klein geschnitten, denn Hühner können weder abbeißen noch kauen. Etwas Kalk aus den eigenen recycelten und gemahlenen Eierschalen darunter-gemischt – mmmampf. Für den kleinen Hunger zwischendurch steht immer gekauftes Körnerfutter bereit, welches sie nur fressen, wenn nichts anderes mehr da ist. Nachts ist der Stall geschlossen, die Räuber können nicht an sie heran. Was für ein Hühnerleben!

Juli

Manchmal spielen wir mehlwurmge-
stützt »Zirkus«, was die Hühnermädels
begeistert mitmachen. Ich setze mich
dazu auf einen Stuhl im Gehege. Diejе-
nigen, die mutig genug sind, hüpfen auf
meinen Schoß oder auf meine ausge-
breiteten Arme. Berta hat erfunden, sich
auf meine Schulter zu setzen, die Adler-
Nummer. Wir werden das noch vertie-
fen. Zirkus spielen bringt Abwechslung,
Nähe, leckere Mehlwürmer oder -käfer
und sportliche Herausforderung in
einem. Außerdem werden die Damen
dadurch handzahm, was im Krankheits-
fall sehr nützlich sein kann.

Wenn eine einen besonders dicken
Regenwurm gefunden hat, rennt sie laut
schreiend (aber mit vollem Schnabel!)
damit herum, verfolgt von den anderen.
»Hach, was mache ich bloß mit diesem
dicken, unheimlich leckeren Regenwurm, er ist zu groß, um ihn am Stück
zu schlucken, und wenn ich stehen
bleibe, wird er mir weggeschnappt, oh
je, oh je ...!«

August

Die Hitze strengt uns und unsere Hühner ziemlich an. In der Mittagszeit liegen wir alle im Schatten, denn es wird fast 40 Grad heiß. Den Hühnern ist so warm, dass sie leiden. Besonders Mimi hängt mit offenem Schnabel im Schatten herum. In einem Blog las ich, dass Hühner wegen ihrer hohen Körpertemperatur (41 Grad) und der Daunenkleidung leicht an Hitzschlag sterben können! Rasensprinkler fürchten sie. Wasserbecken mögen sie gar nicht ... eine Nacht schlecht geschlafen.

Ich hab's! Das feuchte Sandbad zum Füßchenkühlen! In einer alten, niedrigen Wanne ist Spielsand, den ich jeden Tag mit der Gießkanne anfeuchte. Die Hühner verstanden sofort und standen drin herum wie bei einem Sektempfang. So kühlen sie sich ihre heißen Füße und darüber den ganzen Organismus. Nach ein paar Minuten sind sie erfrischt und zu neuen Taten bereit.

Offenbar haben die Damen kleine Plagegeister wie Milben und Flöhe im Gefieder, denn sie kratzen sich ständig. Nun habe ich etwas gefunden, was dagegen wirkt: Kieselgur. Ein weißes Pulver, aus Kieselalgen hergestellt, welches ungiftig ist und Ungeziefer mechanisch – nicht chemisch – bekämpft.

Die Kristalle setzen sich in die Atemöffnungen der Insekten. Es funktioniert!
Internet sei Dank.

Kieselgur dünn verstreut auf den
Schlafstangen, unter dem Zeitungspapier in der Kotbox und auf dem Nest
bewirkt, dass die Milben- und Flohplage
schon nach ein bis zwei Wochen deutlich
nachlässt. Man muss aber dran bleiben,
also zwei Mal die Woche das Pulver ganz
dünn an diesen Stellen verteilen, denn
nur so erwischt man auch die später
schlüpfenden Nervlinge.

September

Den Hühnervögeln in unserem Garten geht es gut, sie sind vergnügt und freuen sich, dass es nicht mehr so heiß ist. Ihr Vorfahr, das südasiatische Bankiva-Huhn, war schlank, hochbeinig und sicherlich nicht so hitzeempfindlich wie unsere Prinzessinnen. Vermutlich auch nicht so dick angezogen.

Die Damen waren heute morgen so beschäftigt mit sich, dass sie weder von mir noch dem geöffneten Türchen Notiz nahmen. Sie haben ein Nest ohne Unterteilungen, welches breit genug für drei bis vier Hennen nebeneinander ist. Sie finden aber nur die eine Seite so richtig gut zum Eierlegen geeignet. Deswegen stehen sie Schlange, treten von einem Bein aufs andere und jammern leise, anstatt sich einfach daneben zu setzen. Manchmal versuchen sie auch zu zweit oder dritt auf der einen Stelle zu sitzen, alle übereinander. Sie haben sehr genaue Vorstellungen, wie was zu sein hat.

Oktober

Man kann viel von seinen Haustieren lernen. Die Selbstverständlichkeit ihrer Präsenz macht Spaß. Sie leben im Hier und Jetzt, wissen dabei aber auf die Minute genau, wann Futterzeit ist oder wann es am Vortag etwas Leckeres außerhalb der Fütterungszeit gab. »Gestern um diese Zeit gab's Mehlwürmer ...?!« So, als hätten sie kleine Uhren unterm Flügel!

Sie konzentrieren sich aufs Wesentliche und haben einen klar strukturierten Tagesablauf. Frühstück, Eier legen, Mittagessen, Siesta, Abendessen, früh Schlafen gehen. Über Besuch und Ab-

wechslung freuen sie sich: Zusammen den Stall sauber machen, zusammen spielen oder rumsitzen, zusammen Komposterde schaufeln – eigentlich egal was, Hauptsache zusammen, das gefällt ihnen und sie sind eifrig bei der Sache. Am liebsten wären sie ständig um uns, aber leider werden sie nicht stubenrein. Noch immer suchen sie unsere Nähe, obwohl sie inzwischen selbstständiger geworden sind. Sie sind eine große Bereicherung, nicht nur weil sie die charmantesten kleinen Biotonnen sind, die wir je hatten.

Berta möchte so gern in unserer Nähe sein, dass sie immer wieder über den

Zaun flattert. Als Abhilfe habe ich ihr nun einen Flügel gestutzt, ein Ratschlag meiner hühnerkundigen Tante. Mit zwei gestutzten Flügeln könnte sie – mit etwas mehr Anstrengung – trotzdem noch über den Zaun kommen.

November

Unsere selbstbewussten Hühner, die das Gefühl haben, dass wir ihre Bedürfnisse ernst nehmen, sind einfach köstlich und teilen viel von ihren Gefühlen und Gedanken mit. Sie haben eine differenzierte und präzise Ausdrucksweise aus unterschiedlichen Lauten und Abstufungen. Auffallend ist, dass Positives meist (nicht immer) mit einem Aufwärts-Intervall ausgedrückt wird, Negatives hingegen oft mit einem nach unten abfallenden.

Mit mir sprechen sie anders als untereinander, so wie wir Menschen manchmal mit Ausländern langsamer und lauter sprechen. Meist dreht es sich

39

um das Thema Essen, aber auch Zuwendung wird eingefordert. Wenn sie sich beim Fressen angeregt unterhalten, weiß ich, dass sie mit der Zusammenstellung des Menüs zufrieden sind. Wenn sie nichts sagen, finden sie es weniger ansprechend, lassen auch viel liegen.

Neben Fressen richten sie auch andere Wünsche an mich. Dann stehen alle fünf vor mir und sagen, dass »etwas nicht richtig ist«. Ich muss dann raten, was gemeint ist: Wasser leer oder gefroren? Kompost soll aufgemacht werden? Zusammen Rumsitzen ist gewünscht? Wenn ich errate, was sie meinen, hören sie augenblicklich auf, sich zu beschweren!

Ich tue ja auch gerne alles, was sie möchten – nur das Wetter betreffend ist mein Einfluss gering. Das akzeptieren sie inzwischen auch und sind an Matsch und Wind gewöhnt.

Es ist ihr erster Winter und zu Beginn fanden sie den kalten Wind in der Pluderhose sehr unangenehm. Morgens, beim Rauslassen, machten sie auf dem Absatz kehrt, um wieder in ihr Haus zu gehen. Dort blieben sie dann und sahen durch das Drahtgitter »fern«, bis der Wind nachließ. Oder bis es ihnen zu langweilig wurde. Normalerweise sind sie sehr aktiv, ständig mit etwas beschäftigt. Sie langweilen sich schnell.

Dezember

Unsere Mädels sind unglaublich anpassungsfähig. Konfrontiert mit etwas Neuem, schauen sie es sich genau an (zum Beispiel das Hühnerhaus ganz zu Anfang) und sagen dann: »o.k., alles klar, so läuft das hier also.«

Sie haben jetzt große Blumenuntersetzer als Teller bekommen, damit das Futter nicht mit Kot und Dreck in Berührung kommt. Es dauerte einen Tag, dann hatten sie verstanden. Bisher haben sie noch nicht in die »Teller« gemacht, was ich ganz erstaunlich finde. Ich glaube, ihre Intelligenz wird völlig unterschätzt!

Beim Fressen stehen nun alle gesittet um die Teller herum und picken, ohne zu scharren. Nur Berta stellt sich mitten auf den Teller und scharrt alles weg, was sie uninteressant findet, um an die besten Happen zu kommen. Sie liebt besonders tierisches Eiweiß (Knorpel, Fettrand von Fleisch, Fischhaut ...) und findet, dass ihr dies als Chefin auch zusteht – und zwar *nur* ihr!

Nun gibt es zwei Teller, die weit auseinandergestellt sind. Je egoistischer Berta ist, desto weiter – damit die anderen auch eine Chance haben, sich etwas Leckeres auszusuchen. Bei dieser »Zwei-Teller-Technik« eilt Berta dann von einem Teller zum anderen – ziemlich gestresst, kann aber nicht überall gleichzeitig sein.

Wenn Berta die anderen gar nicht fressen lassen will, gebe ich ihr manchmal einen kleinen Klaps und sage mit strenger Stimme »genug für alle da« oder so. Seitdem guckt sie erst, ob ich gucke, dann pickt sie so schnell, dass ich es nicht sehe – was nur an einem kurzen Quieker des getroffenen Huhns zu

hören ist. Keine Chance! Die Fixigkeit ihrer Wahrnehmung ist der meinen weit überlegen!

Das liegen gelassene Futter der abendlichen Fütterung wird meist am nächsten Morgen als Frühstück weiter gefressen. Was dann noch übrig ist, also das, was nicht so gut schmeckte, werfe ich auf die Wiese. Die Hühner sehen es dann wieder neu, wie etwas, was sie auf

der Wiese gefunden haben – und dann schmeckt es auch wieder. Perspektivwechsel tun manchmal einfach gut, das kenne ich.

Was macht eigentlich der Marder? Er hat länger keine »Nachrichten« beim Haus mehr hinterlassen und ist auch nicht mehr über das Dach geklettert. Sollte er etwa umgezogen oder gestorben sein? Am Hühnerhaus immer noch keine Kratzspuren, das ist gut!

Zur Hühnerbescherung an Weihnachten bekamen unsere Krümelmonster einen kleinen (Hunde-)Spielball, der innen hohl ist und mit Leckerlis gefüllt wer-

den kann. Der Ball hat zwei Löcher und wenn man ihn rollt, also pickt, fällt etwas heraus.

Dickie und Merle fanden den Ball uninteressant. Berta und Nöli verstanden das Prinzip nicht sofort und verloren schnell das Interesse. Mimi schaute sich die Sache ganz genau an – das ist ihre große Stärke – und hatte innerhalb weniger Stunden verstanden, wie es geht. Sie rollt den Ball mit dem Schnabel zu sich hin wie ein Ei – und leert ihn auf diese Weise. Aber erst, wenn die anderen weg sind. Ganz schön pfiffig!

Das zweite Jahr

Januar

Trotz des heftig tosenden Sturms geht es den Hühnern gut. Sie gehen in ihr Haus und schauen fern, durch das Drahtgitter. Als es schneite, war dies eine völlig neue Erfahrung für sie. Morgens kamen sie zögerlich heraus – normalerweise kann es gar nicht schnell genug gehen – und blieben sicherheitshalber erst mal auf dem schmalen, schneelosen Rand dicht am Hühnerhaus stehen. Meist begleiten sie mich bis zum Törchen, aber das ging nicht, ohne das komische weiße Zeug zu betreten. Nöli löste das Problem durch Fliegen und flatterte hinter mir her. Irgendwann musste sie jedoch landen – und da stand sie nun wie angewurzelt auf der Stelle, denn sie wagte nicht, auf dem unbekannten, weichen Untergrund zu gehen. Ein Dilemma! Sie schaute leise jammernd zu mir und zu den Kolleginnen, die sich immer noch am Hühnerhaus entlangdrückten, ohne den Schnee zu betreten. Nach einer Weile raffte sie allen Mut zusammen und ging gaaaanz vorsichtig los, Richtung Hühnerhaus, sozusagen tiefergelegt mit angewinkelten »Knien« – denn sie wusste ja nicht, ob das weiche, weiße Zeugs nicht plötzlich nachgibt! Es sah sehr komisch aus.

Später beobachtete ich, dass die anderen auch nur auf Nölis Spur gegangen waren, denn da war es ja sicher ...

Als es dann taute, liefen alle wieder ganz unbekümmert im Schneematsch herum.

Das mit dem Spielball haben alle längst raus – ist ja auch einfach, wenn man nur abgucken muss.

Der Sturm hat einen großen Ast vom alten Zwetschgenbaum gerissen. Während ich mit dem Zerlegen des Astes beschäftigt war, kam Nöli an den Zaun und wir machten Hühner-Smalltalk. »Gok«. »Böp«. »Gogök«. »Böp«. Ich sägte und knipste die Zweige klein, Nöli stand ganz nah am Zaun und sah mir unverwandt zu. Ungefähr eine halbe Stunde oder drei Viertel Stunden lang.

Die anderen Hühner waren anderswo beschäftigt. Plötzlich kam Berta, die Chefin, angeschossen, sprang auf Nölis Rücken und machte sie richtig fertig! Sie saß lange auf ihr und zog sie fest am Kamm! Nöli schrie und Berta war ganz offensichtlich – eifersüchtig! So sah es aus. Sie wollte nicht, dass Nöli das Lieblingshuhn wird, eine sehr beeindruckende Szene. »Das ist mein Mensch!« Nöli durfte danach nicht mehr am Zaun sein. Ich glaube, sie ist ein bisschen in mich verknallt. Wenn Berta nicht guckt, reden Nöli und ich doch ein bisschen ...

Hühner haben viele starke Gefühle, davon bin ich überzeugt!

Februar

Gras und Gestrüpp im Abenteuerspielplatz sind größtenteils weggekratzt. Die Damen langweilen sich. Als besonderes Fest mache ich manchmal den Deckel eines Kompostcontainers auf. Hühnerfete im Kompost!

Wenn sie spielen wollen, hüpfen sie auf die Trotte, das ist ihr selbst erfundenes Zeichen.

Ihre Lieblingsspiele sind (neben »Zirkus« natürlich):
• zusammengerechte Haufen aus Blättern, Moos, Gras, Stroh oder Ähnlichem großflächig zu verteilen.

• bei Erdarbeiten mitzuhelfen durch eifriges Scharren und Picken, zum Beispiel beim Ausstechen wilder Brombeeren,
• beim Kompostschaufeln auf der Schaufel mitzufahren.

In die heile Hühnerwelt brach vor ein paar Tagen das Unheil in Gestalt des kleinen weißen Terriers Chicco ein, durch eine unbemerkt gebliebene Lücke im Zaun, welche er tatkräftig vergrößerte. Er hatte Spaß daran, die entsetzt gackernden Hühner herumzuscheuchen. Unbemerkt von uns, riss er Merle etliche Schwanzfedern und Teile der Pluderhose aus. Sonja, seine Besitzerin, hörte das Spektakel glücklicherweise und stellte es – eine Rebschere werfend – ab. Diese traf auch wirklich den Hund. Merle verhält sich normal, legt wie immer, scheint also mit dem Schrecken davongekommen zu sein. Im Garten ist das Gleichgewicht fragil. Einmal den Zaun nicht kontrolliert oder vergessen, die Hühner nachts einzuschließen, kann die kleine Idylle abrupt beenden.

Oh nein, nicht schon wieder!!! Einen Tag später hat der Hund Mimi erwischt. Ich hörte das Geschrei, rannte und fand Mimi unter einem Busch sitzend, bewegungslos und fast unsichtbar. Den Kopf hatte sie unter einer Wurzel versteckt. »Wenn ich nichts sehe, werde ich auch nicht gesehen.« Überall Federn. Sie stand unter Schock, ließ sich hochnehmen und piepste erst nach ein paar Minuten ganz leise. Auch ihr hat der Terrier nur Federn ausgerissen, aber der Schreck wirkte ein paar Tage nach. Wie ist Chicco bloß ins Hühnergehege gekommen?!

Nöli war lange in der Hierarchie ziemlich weit unten und wurde von den anderen teils ignoriert, teils gepickt. Nun geschah Erstaunliches: Sie erfand sich neu und änderte ihr Verhalten grundlegend! Statt zögerlich im Hintergrund zu warten wie bisher, fing sie an, Berta in ihrem forschen Verhalten nachzuahmen, und stürzte sich vor allen anderen,

gemeinsam mit Berta auf die leckersten Häppchen der abendlichen Fütterung. Das Erstaunlichste war: Berta schien nichts dagegen zu haben! Seitdem sind die beiden ein Duo an der Spitze. Was genau diesen Sinneswandel ausgelöst hat, weiß ich nicht. War es vielleicht die Szene am Zaun?

Nöli geht sogar noch einen Schritt
weiter und sucht jetzt ganz ausdrücklich
meine Nähe. Immer wenn ich im Gehege bin, ist sie schon da und »hilft« beim
Saubermachen, Erdeschaufeln oder
Kompostleeren. Wenn ich etwas mit den
Händen mache, wie zum Beispiel Zaun
reparieren oder Rosen schneiden, schaut
sie einfach ruhig zu, egal, wie lange es
dauert. Dabei beschwert sie sich fast gar
nicht mehr, sondern sagt mit zitternder
Stimme freundliche Dinge.

März

Der Boden ist gefroren, an Scharren ist nicht zu denken. Wir haben den Hühnern einen ganzen Ballen Stroh geschenkt, den sie jetzt nach Kräften zerlegen und verteilen. Hühner wollen kruschteln! Sie sind munter trotz der Kälte, bleiben morgens aber länger »im Bett« – also auf ihren Schlafstangen –, denn sie wärmen ihre Füße selbst mit den Federn. Es ist so kalt, dass das Trinkwasser sogar tagsüber gefriert und mehrmals ausgewechselt werden muss. Bekommen Hühner Gänsehaut, wenn ihnen kalt ist?

Wenn man Prinzessinnen jeden Wunsch vom Schnabel abliest (oder -hört), darf man sich nicht wundern, wenn es immer öfter Wünsche gibt. Doch genau wie bei Kindern kann man nach einiger Zeit unterscheiden, was echte Bedürfnisse sind und was Gequengel.

Endlich schlägt das Wetter um. An einem warmen Nachmittag beobachte ich Nöli, wie sie – schnell und leise wie eine Katze – versucht, eine unvorsichtige Eidechse an der Mauer zu fangen. Die Eidechse ist schneller, aber Nölis geschmeidige Bewegungen und Schnelligkeit beeindrucken mich. Ein Jagdhuhn.

April

Unsere fünf Krümelmonster freuen sich genau wie wir Menschen über den Frühling. Endlich gibt es wieder Löwenzahn, yeah! Gestern haben sie entdeckt, wie lecker matschige Banane schmeckt. Sie fressen sie mit »vollen Backen« – mampf

– und wischen dann ihre Schnäbel sorgfältig an meiner Hose ab.

Das Wetter ist herrlich, der Frühling so intensiv, dass es knirscht und quietscht! Die Hühner verbringen Stunden sandbadend, allen voran Mimi und Dickie, die beiden Genießer. Dabei schnurren sie um die Wette. Sandbad muss ich unbedingt auch mal ausprobieren, es scheint herrlich zu sein!

Als ich neulich den Deckel auf den Kompostbehälter machen wollte, war Nöli noch im Kompost beschäftigt. Nach einer Weile hob ich sie einfach herunter und setzte sie auf den Boden. Sie war einen Moment verblüfft – das

hatte ich noch nie gemacht! –, sah mich dann direkt an und hüpfte sofort – aus dem Stand – wieder hinauf. Sie wollte sich nicht vorschreiben lassen, wo sie wann zu sein hatte, sondern hatte eigene Vorstellungen. Selbstbewusste Hühner sind großartig!

Wir haben dieses Jahr ziemlich viele Schwalben und würden ihnen gern Nistgelegenheiten anbieten. Manchmal kommt eine ganze Gruppe in den Innenhof geflogen. Sie drehen ein paar Runden, so als würden sie sich umschauen. Man kann Schwalbennisthilfen kaufen, aber es ist gar nicht so einfach, passende Stellen für sie im Hof zu finden. Die Möglichkeiten, die wir haben, sind eventuell für den Marder erreichbar – oder eben näher an uns Menschen, wo sich der Marder nicht hin traut. Ob Schwalben die Nähe von Menschen stört? Wir müssen es ausprobieren.

Wenn die Hühner ihre Siesta machen, schätzen sie es besonders, wenn ich mich zu ihnen setze. Morgens sind sie zu

beschäftigt – wie ich auch –, abends ist »Reinkommen und Abendessen«, unser kleines Abendritual. Wenn ich Zeit habe, sitze ich also am frühen Nachmittag in ihrem Gehege, lege die Beine hoch, lese und »schnurre« mit ihnen. Sie sind dann ganz dicht um mich herum, putzen sich, machen Sandbad oder ein Nickerchen und haben offenbar das Gefühl: »So gehört das. Die Schar ist zusammen und das ist schön.«

Neulich kam Nöli, unser stolzes und etwas wildes Jagdhuhn, welches selten einmal Siesta macht, völlig selbstverständlich, als wäre es das Normalste von der Welt, hüpfte auf mein Knie, ließ sich herunter in »Gemütlichstellung« und schloss die Augen. Ich war unglaublich geehrt, denn dies war ein großer Vertrauensbeweis. Natürlich blieb ich trotz Begeisterung ganz still sitzen, bis Nöli nach etwa fünf Minuten entschied, mein Bein wieder zu verlassen. Die Hühner bestimmen, wann die Siesta vorbei ist – eigentlich ist es ein kurzer Hühner-Powernap –, und wir gehen alle wieder unseren Aufgaben nach.

Mai

Nöli sitzt herum, ist schläfrig und frisst nicht richtig! Ich hatte ihr kleine Nacktschnecken gegeben, die sie voller Vertrauen herunterschluckte. Ich muss mal im Internet nachsehen: Oh je, Nacktschnecken und Regenwürmer sind Überträger von Wurmeiern! Manche Wurmarten sind gefährlich, fressen Löcher in Darm oder Lunge des Huhns ... Hilfe!!

Nun habe ich eine Tierärztin gefunden, die auch Huhn kann. Hühner gehören in der Tierarztlogik zu den »Großtieren« – wer hätte das gedacht – zusammen mit Kühen, Pferden und Schweinen. Die meisten Tierärzte haben Kleintierpraxen, dort werden Hunde, Katzen, Meerschweinchen und Kaninchen behandelt. Hm. Also eine Dogge ist ein »Kleintier«, ein Huhn dagegen ein »Großtier«? Da muss man erst mal drauf kommen. Die Tierärztin gab mir einen Termin, aber erst für übermorgen!

Den Termin konnte ich glücklicherweise wieder absagen, Nöli geht es deutlich besser! Ich habe den Mädels klein geschnittene Knoblauchzehen und rohe Zwiebeln mit ins Futter gegeben, in der Hoffnung, damit die Würmer zu vertreiben. Es funktionierte. Nach zwei Tagen Knofi-Kur keine Schlappheit, kein Dünnpfiff mehr, sie fressen wie immer und Nöli sagt wieder sehr liebe Sachen zu mir, mit zitternder Stimme. Gott sei Dank!

Um ihren Kropf zu befühlen, habe ich sie auf meinen Schoß gelockt. Gut, dass sie das vom Zirkusspielen kennt. Der Kropf fühlte sich klein und fest an, also keine Kropfentzündung. Diese sei noch gefährlicher als Würmer, sagt meine hühnerkundige Tante. Im Fall einer Entzündung würde sich der Kropf weich und schwammig anfühlen. Also wird die Knofi-Kur fortgesetzt und den Kot bringe ich trotzdem zur Analyse. Wie gut, dass die Hühner Knoblauch und Zwiebeln kennen und fressen. Ich hatte das schon gleich zu Anfang eingeführt, als sie vom Aufzuchthof kamen und eins von ihnen immer niesen musste.

Ein paradiesischer Tag bei uns, Sonntagmorgen im Vogelland. Das Dorf ist noch ganz ruhig. Man hört nur die vielen Vogelstimmen und gelegentlich die Kirchturmglocken. Wir haben wieder viele Schwalben dieses Jahr, das freut mich sehr! Horden von Spatzen sowieso. Im Innenhof brütet ein Gartenrotschwänzchenpaar an einer gut gewählten Stelle unterm Laubengang ganz nah an uns Menschen, wo sich der Marder nicht hin traut. Die Wiedehopfe streiten wie jedes Jahr um den alten Zwetschgenbaum im Garten. Vor ein paar Tagen sah ich zum ersten Mal Luftakrobatik von Störchen, welche spielten oder kämpften. Die jungen Störche werden jedes Jahr auf dem Kirchturm großgezogen und fliegen dann nach Afrika. Dieses Jahr war ein ausgewachsener Storch einfach über den Winter hier geblieben.

»Warum so weit fliegen, hier ist es doch auch warm!« Vielleicht ging es bei der Luftakrobatik um Wohnungsfragen oder Liebesdinge.

Als ich mittags mal wieder zum Zusammen-Rumsitzen zu den Hühnern ging, saß Nöli plötzlich mit abgespreizten Flügeln vor mir auf dem Boden. Mein erster Gedanke war, dass sie sich vielleicht

sonnt. Dann fiel mir ein, dass diese Körperhaltung eventuell heißen könnte: »Komm unter meine Flügel, ich will Dich beschützen und hudern.« Hudern machen Hennen mit ihren Küken. Wenn die Hennen sich so hinsetzen, kommen die Küken angerannt und verstecken sich unter den Flügeln. War es also eine Einladung von Nöli, dass ich unter ihre Flügel kommen sollte? Die Sache mit

den Größenverhältnissen spielte dabei in Nölis Vorstellung offenbar eine untergeordnete Rolle. Ich war gerührt über diese Einladung. Außerdem war klar, dass sie mir die Sache mit den Nacktschnecken wohl verziehen hatte.

Die vielen Greifvögel hier am Weinberg kommen immer wieder mal vorbei, um zu kontrollieren, ob es schon Küken gibt. Die Hühner können die Vögel am Himmel gut auseinanderhalten. Nur bei den größeren Greifvögeln und bei Elstern machen sie ihren hässlich krächzenden Greifvogel-Warnruf im Chor. Dass sie Greifvögel unterscheiden können, muss angeboren sein.

Juni

Wer kommuniziert wie und was? Es gibt so viele Ebenen der Kommunikation, egal, ob bei Tieren oder Menschen oder zwischen Tieren und Menschen. Verbal, nonverbal, über Mimik, Körpersprache, Farben oder Gerüche. Hühner haben keine Mimik wie Hunde oder Katzen, sie agieren sehr direkt über Körpersprache, obwohl sie auch ein faszinierend großes Repertoire an stimmlichen Ausdrucksmöglichkeiten haben. Warnlaute beispielsweise kommen in allen Abstufungen von »leichter Beunruhigung« bis zu »Alarmstufe drei!« vor. Vielfältig sind auch die Laute der Ungeduld, die es in unterschiedlichen Dringlichkeiten gibt. Besonders lustig ist ein Ton in gleichbleibender Höhe, aber rasch lauter werdend.

59

Dann gibt es die verschiedenen »Armes-Hühnchen«-Laute. Einfaches Quengeln kommt häufig vor, die Steigerung ist »armes Hühnchen«, schon etwas Mitleid erregend. Die größtmögliche Steigerung wiederum ist »gaaanz armes Hühnchen«, ein wirklich herzzerreißendes, hohes Jammern, was besonders Berta beherrscht.

Ihrerseits reagieren die Hühner ebenfalls stark auf Geräusche und hören ausgezeichnet. Sie können unsere Stimmen auseinanderhalten, auch wenn wir am anderen Ende des Gartens sprechen. Sie verstehen verschiedene Stimmungswerte, wie strenge oder sanfte Worte. Als wir ihnen einmal ein Abendlied vorsangen, damit sie endlich in den Stall gehen, wurden sie ganz aufgeregt und munter!

Die Prinzessinnen haben die Wurmkur – nun auch noch mit einem Mittel der Tierärztin, welches im Trinkwasser gelöst wird – gut überstanden und sind wieder rund und zufrieden.

Nachmittags ist Zusammen-Rumsitzen gefragt. Wenn möglich, bringe ich etwas mit, wie Johannisbeeren oder Kirschen aus dem Garten. Neuerdings ist auch Weißweinschorle sehr beliebt, die sie tröpfchenweise vom Finger trinken.

Nöli liebt mich immer noch und sagt das auch sehr süß. Sie hat entdeckt, dass man Schorle auch direkt aus dem Glas trinken kann. Danach ist dann ein Mittagsschläfchen angesagt, leider nicht mehr auf meinem Knie.

Meine hühnerkundige Tante hat mich aufgeklärt: Nöli wollte mich nicht hudern, sie wollte, dass ich sie bespringe, wie ein Hahn. Also Hühnersex! In Liebesdingen gibt es immer die größten Missverständnisse, offenbar auch speziesübergreifend.

Nölis Leidenschaft ist inzwischen etwas abgekühlt, kein Wunder, aus ihrer Sicht habe ich ihr ja einen »Korb« gegeben! Aber wir haben immer noch eine besondere Beziehung. Eigentlich war es gut überlegt von ihr, denn ich als Oberhenne oder Hahn mache meinen Job gut. Ich versorge alle mit ausreichend Futter und beschütze sie.

Sie sagt noch sehr freundliche Dinge zu mir, nölt aber auch wieder mehr. Jetzt hat sie angefangen, mir den Weg abzuschneiden, wenn ich das Gehege verlassen will. Sie kommt schräg von hinten und bleibt vor mir stehen, aber ohne sich hinzuhocken. Ich muss dann auch stehen bleiben, wenn ich nicht über sie stolpern will. Eine besonders menschenbezogene Henne!

Das Gartenrotschwänzchenpaar im Innenhof hat vier Junge und schimpft fürchterlich, wenn wir über den Hof gehen.

Ein junger Marder hat eine kleine Kot-Nachricht auf der Terrasse hinterlassen. Offenbar ist auch er mehr von unserer menschlichen Anwesenheit gestört, als am Hühnerstall interessiert.

Ob der junge Marder wohl von dem älteren etwas über Menschen erzählt bekommen hat?

Juli

Es ist extrem trocken, schon den ganzen Sommer. Gestern Abend gab es ein herrliches, lang ersehntes Gewitter – immerhin eine halbe Stunde lang. Es kühlte die Luft ab und füllte die Zisterne wieder auf. Wir sind alle erfrischt, auch die Hühnerdamen, die gleich wieder Sandbad machten – also Lehmbad in feuchtem Löß. Sie sehen dann aus wie paniert, richtig schön eingeferkelt, lassen das Ganze trocknen und schütteln sich dann. Das produziert große Staubwolken – und ihr Gefieder ist wieder lecker und sauber! Sie mögen die feuchte Panade lieber als trockenen Staub, scheint mir.

August

Letzte Woche wäre beinahe das geschehen, wovor ich mich immer ein bisschen gefürchtet habe, weil ich so Schreckliches darüber gelesen hatte. Nämlich dass brütige Hühner auf dem Nest sitzend verdursten und verhungern können, da sie sich durch nichts auf der

63

Welt bewegen lassen, das Nest zu verlassen! Ausgerechnet »mein« Nöli hatte es erwischt! Sie blieb trotz der Hitze den ganzen Tag auf den Eiern sitzen, hechelnd mit offenem Schnabel. Klar, auf die Verliebtheit folgt Brütigkeit. Sie hat einen nackten Brutfleck am Brustbein, welcher zeigt, dass ihre Hormone auf Brüten eingestellt sind.

Zuerst versuchte ich es mit Brombeeren, ein Lieblingsleckerli. Keine Chance, sie wollte nicht gestört werden! Gegen Abend streichelte ich ihr sanft den Rücken (anfassen auf dem Rücken mag sie nicht besonders) und nahm vorsichtig die Eier unter ihr weg. Zuerst pickte sie mich noch etwas, stand dann aber

auf und klagte laut und herzzerreißend. Aus dem Klagen wurde ein entrüstetes Schimpfen und Grummeln. Alle Versuche, sie mit etwas Leckerem abzulenken, vergebens. Sie war mir gram und ging mit großen Schritten leise grummelnd auf der Wiese herum, während die anderen die angebotenen Leckerlis verspeisten. Unsere erste ernsthafte Beziehungskrise!

Nach einer halben Stunde setzte sie sich noch einmal auf das (leere) Nest. Glücklicherweise fiel mir ein, die Klappe am Nistkasten etwas zu öffnen, sodass es innen hell und ein bisschen ungemütlich wurde. Nach ein paar Minuten stand Nöli auf, machte das »Ich-hab-ein-Eigelegt«-Geschrei – ohne Ei – und die Brütigkeit war glücklicherweise überstanden!

Sie hat mir meinen Eingriff dann doch verziehen, schon am nächsten Tag sagte sie wieder nette Sachen zu mir und benahm sich wie vorher. Hühner sind offenbar nicht nachtragend.

Was sich in diesem, wieder extrem heißen Sommer sehr bewährt, ist die alte Wanne mit nassem Sand! Die Damen nutzen sie regelmäßig, um ihre Füße zu kühlen, denn sie können nicht schwitzen. Manchmal setzen sie sich auch richtig hinein, gern zu mehreren – also schön kuschelig warm. Nach ein paar Minuten kommen sie dann erfrischt heraus, um ihren vielen Aktivitäten nachzugehen. Den Zaun habe ich so gesteckt, dass sie ein Maximum an Gebüsch und Schatten haben. Sie legen zu fünft drei Eier pro Tag, in wechselnder Besetzung. Hitze setzt ihnen weit mehr zu als Kälte!

September

Mimi geht Konfrontationen aus dem Weg, sie ist Meisterin im Unauffälligbleiben. Wenn es etwas Interessantes oder Leckeres gibt, wartet sie, bis die anderen das Interesse verloren haben, und frisst dann ungestört selbst – falls noch etwas übrig ist. Sie ist jetzt Rangniedrigste, die Rangordnung ändert sich immer wieder mal in den unteren Rängen. Berta und Nöli sind nach wie vor das Duo an der Spitze, wobei Berta auf der Chef-Position besteht und Nöli sie gewähren lässt. Dickie ist in der Mitte, versteht sich weiterhin mit allen gut. Merle und Mimi sind am unteren Ende der Hierarchie, aber befreundet. Meist halten sie zusammen, aber manchmal picken sie sich auch gegenseitig ein bisschen, freundschaftlich sozusagen.

Letzte Woche habe ich die Hühner zur Gartenarbeit eingesetzt. Sie eignen sich hervorragend als Bodenbearbeitungs- und Düngungstruppe, zum Beispiel zwischen alten Rosenstöcken. Dort scharren sie die Unkräuter weg und lockern den Boden auf, eine gute Vorbereitung für weitere (menschliche) Bearbeitung. Die Kunst ist, den Steckzaun rechtzeitig wieder umzustecken, bevor die Hühner zu tief kratzen.

Oktober

Immer wieder beobachte ich neue Verhaltensweisen. Vor ein paar Tagen legte sich Nöli einzelne getrocknete Grashalme auf den Rücken und sah mich dabei an. Was sie mir wohl damit sagen wollte? Vielleicht hat sie sich geschmückt? Oder auf ihren Rücken hingewiesen? Dabei ist sie bildschön in meinen Augen: Inzwischen hat sie schwarz-braunes Gefieder, welches grünlich schillert! Ich würde ihr gern sagen, dass ich sie sehr mag – auch wenn ich sie nicht bespringe. Aber vielleicht ahnt sie das auch.

Vor ein paar Tagen gab es Hühnerballett. Es war ein ganzer Schwarm geflügelter Ameisen im Gehege geschlüpft, die tief genug flogen, dass die Mädels sie hüpfend erreichen konnten. Alle fünf machten kurze Spurts, Luftsprünge und sogar Pirouetten – einfach allerliebst! Wir Menschen haben sehr gelacht. Inzwischen können wir uns ein Leben ohne diese gefiederten Mitbewohner gar nicht mehr vorstellen!

November

Nöli ist nun wieder ihr altes nöliges Selbst, auch wenn sie immer noch sehr anhänglich ist, uns immer zum Törchen begleitet und manchmal freundliche Sachen sagt.

Die Krümelmonster können mich spielend um die Kralle wickeln. Wenn ich im Garten arbeite, rufen sie mich. Manchmal imitieren sie meinen Ruf (»Hüh-ner«: zweisilbig, kleine Terz nach unten). Das finde ich derart bemerkenswert – dass sie *mich* imitieren, um mit mir zu kommunizieren, dass ich natürlich weiter mit ihnen »spreche« bei der Gartenarbeit.

Sie machen aber auch sonst alles Mögliche, um meine Aufmerksamkeit zu erregen. Da normales Knatschen nicht die gewünschte Reaktion bringt, sind sie inzwischen richtig kreativ und »schauspielern« sogar ein bisschen. Berta kennt mich am besten, denn sie beobachtet mich mindestens so genau wie ich sie. Sie macht ein herzzerreißendes »Gaaanzarmes-Hühnchen«-Geschrei, ziemlich dramatisch und voller Inbrunst, auf das ich schon zwei Mal hereingefallen bin. Dann lasse ich alles liegen und schaue nach. Die anderen sind nicht ganz so gerissen. Sie veranstalten das »Böser-Greifvogel-aus-der-Luft«-Warnkrächzen im Chor – verraten sich dann aber selbst, weil sie gespannt in meine Richtung schauen, anstatt in den Himmel. Bedeutet das, dass Hühner lügen können?

Dezember

Inge hat es tatsächlich geschafft, unsere Krümelmonster ein bisschen zu erziehen. Beim Rauslassen müssen sich die Hühner nach uns richten und manchmal warten. Zunächst machten sie ein großes Spektakel, weithin hörbar. Inge fand, dass das so nicht ginge, wegen der Nachbarn, die ja vielleicht manchmal länger schlafen wollen. Sie sagte »pschschscht« und wartete konsequent so lange, bis wirklich alle still waren. Erst dann ließ sie sie raus. Inzwischen sind sie morgens schon viel ruhiger, knatschen höchstens ganz leise (geflüstert) und kennen die Spielregel genau. Bei mir

sind sie etwas ungezogener als bei Inge,
denn sie wissen genau, dass ich nicht so
geduldig bin.

Wenn man Tiere hat, die in der Morgen-
dämmerung wach werden und mit der
Abenddämmerung schlafen gehen, wird
einem deutlich bewusst, wie verschieden
lang in Deutschland die Tage/Nächte
sind. Die Hühner schlafen im Winter bis
zu sechzehn Stunden. Im Sommer dagegen nur sechs Stunden oder weniger!

Das dritte Jahr

Januar

Bei der abendlichen Fütterung fiel mir auf, dass ein Huhn schlecht frisst. Es schien, als ob Berta, die Chefin, Mimi, die Rangniedrigste, vom Fressen abhält. Ein Blick von Berta genügte und Mimi drehte ab. Das sah nach Mobbing aus! Ich wollte sehen, was passiert, wenn Berta nicht mehr da ist und steckte sie in einen Käfig in »Einzelhaft« bei Wasser und Korn, um ihr unerschütterliches Selbstbewusstsein etwas zu dämpfen. Zunächst wunderte sie sich, fand es aber interessant, in unserer Nähe zu sein. Am zweiten Tag fing sie an, sich zu beschweren, und ab dem dritten Tag fand sie es schlicht unmöglich, so allein gehalten zu werden. Sie protestierte lauthals und anhaltend! Irgendwie nachvollziehbar. Ihr unerschütterliches Selbstbewusstsein hat jedoch in keiner Weise gelitten.

Ich hatte gehofft, dass sich Mimi im Rest der Gruppe rasch erholen und wieder mit den anderen fressen würde. Aber anstatt sich normal zu benehmen, fraß Mimi auch ohne Berta nicht richtig! Sie setzte sich nach ein paar Minikrümelchen mit dem Rücken zur Gruppe in eine Ecke – ohne sichtliche Unfreundlichkeit der Kolleginnen. Der Grund, dass sie nicht fraß, musste also ein

anderer sein. Außerdem versuchte sie mir mit Nachdruck etwas mitzuteilen. Sie stellte sich vor mich hin und sprach mich direkt an. Vielleicht sagte sie: »Mir geht's nicht gut, Du musst Dich um mich kümmern!« Auf jeden Fall war es dringend, daran bestand kein Zweifel.

Tags darauf fuhr ich mit Mimi zu unserer netten Tierärztin. Sie merkte sofort, dass Mimi Fieber hatte – und vermutete zunächst Verdauungsstörungen. »Haben Sie den Eindruck, dass dem Huhn schlecht ist?«, fragte sie mich, was ich einfühlsam und nett fand. Wie sich dann herausstellte, hatte Mimi starke Schluckbeschwerden und Halsweh! Also eine heftige Erkältung, allerdings ohne den sonst üblichen Schnupfen. Gewicht hatte sie noch nicht viel verloren, sie wog 2100 Gramm.

Berta durfte also wieder zu den anderen zurück und nun bewohnte Mimi den praktischen Käfig – in meinem ungeheizten Schlafzimmer. Zuerst ging es ihr richtig schlecht, sie hatte hörbare Atemgeräusche und fraß nur die kleinsten der feinen Haferflocken, winzige Eckchen Salatblätter und kleine Bröckchen gekochter Kartoffeln. Selbst Mehlwürmer lehnte sie ab! Was sie offenbar angenehm fand, war das Einatmen ätherischer Öle, leicht zu machen mit einer Decke über dem Käfig. Ein Heizkissen

unter dem Käfigboden mochte sie auch, an dieser Stelle saß sie dann meistens. Warmen Kamillentee trank sie gern, ganz im Gegensatz zu der Medizin, die ich ihr mit einer Pipette jeden Tag geben sollte. Ihre Stimme war morgens piepsig – wenn überhaupt hörbar, dann einen Tag lang eine Oktave tiefer, danach wieder normal. Möglicherweise hatte sie eine Kehlkopfentzündung. Langsam wurde ihr Zustand besser und nach etwa anderthalb Wochen fraß sie das erste Mal mit großem Appetit, legte nachts ein Ei – und wollte gleich wieder raus. Große Erleichterung, dass es ihr besser geht!

Mimi ist ein besonders nettes Huhn.

Ein Problem gibt's noch. Berta und Mimi, die beiden Braunen, sind gerade in der Mauser. Mitten im Winter! Berta lässt die Mauser sozusagen »nebenher« laufen, immer wieder mal fällt eine Feder, aber ohne dabei nackte Stellen zu bekommen. Mimi hingegen verliert viele Federn auf einmal. Die Tierarztpraxis sah aus, als wäre Mimi gerupft worden! Vielleicht weil es ihr so schlecht ging oder weil sie Angst hatte.

Auch als es ihr besser ging, hatte sie noch einen nackten Bauch und keine Schwanz- oder Schwungfedern. Absolut underdressed für Winterwetter!

Möglicherweise wurde die Mauser noch verstärkt durch die relativ hohen Temperaturen in meinem ungeheizten Zimmer, um die 14 oder 15 Grad.

Auf jeden Fall werde ich Mimi noch im Haus behalten, auch wenn die Rückkehr in die Gruppe dadurch verschoben und eventuell schwieriger wird. Wie

erkläre ich's meinem Huhn? Sie findet es jetzt, wo es ihr besser geht, unverständlich, dass sie nicht zu den anderen darf, und beschwert sich laut!

Eine Woche später. Mimi lebt immer noch in meinem Schlafzimmer. Sie ist munter, bekommt neue Federn und wird langsam wieder rund. Ich versuche, ihr die Einsamkeit durch viele kleine leckere Häppchen erträglich zu machen, das findet sie super! Sie bevorzugt geschälte Sonnenblumenkerne und Eisbergsalat mit Festhalten. Inzwischen »bestellt« sie sogar schon, Salat zum Beispiel. Sie zeigt dann mit Schnabel und Augen an die Stelle, wo eben noch Salat war, hebt ein welkes Blättchen hoch, lässt es fallen ... Eindeutig. »Mehr davon bitte!«

An einem sonnigen Nachmittag versuchte ich Mimi nach draußen zu setzen. Das ging gründlich schief, denn nach so einer langen Zeit erkannten die anderen sie nicht mehr als ihresgleichen und behandelten sie wie einen fremden Eindringling! Merle, ihre Freundin, war gerade auf dem Nest, also nicht da. Beim Anblick von Berta zuckte Mimi sichtlich zusammen, dann attackierte die Gruppe sie. Mimi rannte hierhin und dorthin, wurde aber verfolgt! Schließlich verkroch sie sich in eine Ritze, aus der ich sie rückwärts wieder herausziehen musste. Ein zitterndes Häufchen! Wenn ich sie ihrem Schicksal überlassen hätte, wäre sie wahrscheinlich zu Tode gejagt worden! Was für ein furchtbarer Schreck!

Die hühnerkundige Tante sagte, das sei normales Verhalten bei Hühnern. Oh Huhn!! Man müsse sie ganz langsam Schritt für Schritt wieder sozialisieren. Dazu sei das Wissen um die Hierarchie der Hühnergesellschaft entscheidend. Das fremd gewordene Huhn müsse zunächst mit dem rangnächsten Huhn als Begleithuhn separat von der übrigen Gruppe gehalten werden. Nach ein paar Tagen könne man dann das Nächsthöhere dazu tun und wieder ein paar Tage verstreichen lassen. Wenn sich diese drei gut verstehen, kommt wieder eins dazu, im Rang wiederum eine Stufe höher. Am Ende bleibt die ranghöchste Henne allein übrig, während die anderen zu einer stabilen Gruppe geworden sind. Dann erst kann die Ranghöchste wieder in die Gruppe, denn dann haben sich die Machtverhältnisse umgekehrt. Also gut.

Auf den ersten Blick ein kompliziertes Verfahren, bei näherem Hinsehen aber psycho-logisch.

Wir warten jetzt auf wärmeres Wetter, damit Mimi wieder raus kann. Im Moment ist es noch viel zu kalt. Atemwegserkrankungen sind bei Hühnern gar nicht selten, Mobbing leider auch nicht.

Mein Cousin Wolfgang, der zu Weihnachten anrief, sagte trocken: »Wie inner Firma.« Genau!

Was auch gegen Unstimmigkeiten zwischen Hühnermädels hilft – es fällt mir schwer, dies zu schreiben –, ist die Anwesenheit eines Hahns. Er passt auf, dass sich alle vertragen, und geht dazwischen, wenn es Zankereien gibt. Hm. Was sagt man dazu?

In unserer speziellen Situation haben wir einen Hahn schon allein aus akustischen Gründen ausgeschlossen, den Nachbarn zuliebe, denn die Höfe liegen dicht beieinander. Die nachbarschaftliche Abmachung lautet: Hennen ja, Hahn nein. Also werde ich die Prozedur der schrittweisen Resozialisierung wohl selbst machen müssen.

Februar

Inzwischen haben wir drei uns etwas an die WG-Situation gewöhnt, die besonders für Inge völlig neu ist. Mimi ist die Flexibelste von uns, findet das Zusammenleben inzwischen ganz o.k. Sie sagt mir, wenn sie ein Ei legen möchte – ein knötterndes Geräusch wie ein kleiner Außenbordmotor.

Sie bekommt dann ein Obstkistchen mit Heu in den Käfig gestellt, das Nest-on-demand. Wenn das Ei dann da ist, wird das Kistchen wieder herausgenommen, denn ihr vorübergehendes Zuhause ist nicht sehr groß. Es hat etwas gedauert, bis ich Mimis Wunsch nach einem Nest verstand, aber jetzt sind wir gut eingespielt.

Zwischendurch versuche ich, durch eifriges Lüften und Einstreuwechseln, Käckchen-einzeln-Wegtragen und geruchsneutrales Futter (unsere Hühner lieben Lauch und Zwiebeln!) die Duftintensität möglichst niedrig zu halten. Meine Cousine Judith, die viel mit Wildvögeln zu tun hat, beherrscht die Technik des »Wegriechens«, die mir und Inge offen gesagt noch nicht ganz gelingt. Es ist nicht das Huhn, welches riecht, sondern das Drumrum.

Nachts ist Mimi ganz still, knuspert nur manchmal an ihren Federn oder pupst leise. Ich hingegen schnarche, das weiß ich. Das alles erinnert mich sehr an meine Kindheit, als diverse frei lebende Hamster und Mäuse mein Zimmer bevölkerten. Die rochen oft deutlich strenger!

Als Zimmergenossin ist Mimi äußerst rücksichtsvoll. Sie lässt mich schlafen und piepst erst, wenn ich mich bemerkbar mache – außer wenn es dringend ist mit dem Ei. Wir unterhalten uns oft – nur wenn ich nackt aus der Dusche komme, ist sie sprachlos. Sie schaut mich von oben bis unten an, scheint mich aber nicht zu erkennen. Erst wenn ich mich anziehe, fängt sie wieder an zu sprechen. Ist ja auch merkwürdig, dass Menschen so schnell ihr Gefieder wechseln können!

Manchmal macht sie ein schnurrendes Geräusch, ich antworte dann und so geht es im Wechsel. Es hat etwas damit zu tun, wie sie sich fühlt, es geht um

(Wohl-)Befinden, aber auch um Wünsche – so ganz sicher bin ich mir nicht. Ich bin eben nur ein Mensch, aber sie ist geduldig mit mir.

Werner und ich haben eine Hühnerbox gebaut, in der Mimi und Merle separat von den anderen Hühnern schlafen können. Sie hat Räder und passt mit ins sichere Hühnerhaus. Dazu bekommen die beiden ein eigenes kleines Areal im Garten, getrennt von den anderen. Der Steckzaun ist so gesteckt, dass Mimi die anderen sehen, sich aber auch vor Blicken zurückziehen kann. Alles parat, jetzt brauchen wir nur noch wärmeres Wetter!

Gestern war ein warmer Wintertag. Mimi und ich verbrachten eine Stunde draußen zum Kennenlernen der neuen Behausung, schon zum zweiten Mal.

Die Sonne schien und sie schaute sich ihr neues Domizil an, pickte ein paar Gräschen und nahm ein Sandbad. Endlich wieder Sandbad, yeah! Die anderen Hühner schauten mal herüber. Eine Ecke ihres Geheges ist ein paar Meter weg. Als Berta herübersah, erstarrte Mimi im Sandbad und bewegte sich erst wieder, als Berta wegging.

Ich saß daneben, um moralische Unterstützung zu geben, denn ohne mich rührte sich Mimi nicht vom Fleck. Sie muss sich sehr erschreckt haben über die Attacke der Kolleginnen, armes Hühnchen!

Sobald es wärmer wird, darf sie wieder wie ein normales Huhn leben, in einer WG mit Merle, der grau-weißen Henne, ihrer früheren Freundin.

März

Nach fünf Wochen Zusammenleben mit Huhn habe ich die vergleichsweise milden Temperaturen (trotz Februar nachts nur noch wenig unter Null) zum

Anlass genommen, Mimi endlich nach draußen zu setzen. Sie hat jetzt wieder ein komplettes Federkleid, ist rund und stark. Nun lebt sie, gemeinsam mit ihrer Kollegin Merle, in der Hühnerbox mit Extra-Gehege.

Ich dachte, Mimi würde sich über Hühnergesellschaft freuen, aber die beiden haben noch Schwierigkeiten, sich aneinander zu gewöhnen. Morgens beschweren sich beide lautstark: »mit *der* in *dem* kleinen Stall übernachten!!!« und vertragen sich nicht gut. Vor Mimis Krankheit waren sie Freundinnen, aber das kann sich eben ändern.

Mimi und ich hatten ein paar Mal »geübt« in dem neuen Stall/Gehege, auch damit sie sich überzeugen konnte, dass sie dort sicher ist. Beim dritten Besuch fühlte sie sich so gut, dass sie auf die Trotte hüpfte, sich aufrichtete und kräftig mit den Flügeln schlug. Gutes Zeichen! Sie ist seit ihrer Zeit als Einzelhuhn viel selbstbewusster geworden und verteidigt ihr neues Revier energisch! So kann's kommen. Vorher war sie die Unterdrückte, jetzt dreht sie den Spieß um und lässt Merle nicht fressen! Wenn Merle an den Futternapf kommt, knurrt Mimi und Merle weicht zurück. Nach anfänglich viel Geflatter geht es nun aber schon etwas friedlicher zu, die Mädels brauchen einfach Zeit, sie machen das schon. Die anderen schauen manchmal herüber, passen auf, dass sie ja nicht zu kurz kommen bei der Leckerli-Vergabe, gehen aber ansonsten ihren eigenen Beschäftigungen nach.

Von wegen! Nach ein paar Tagen hatte Merle die Nase voll und nahm die Sache in die eigene Kralle. Als ich um die Mittagszeit wie gewohnt nach den beiden schaute, war sie spurlos verschwunden! Ich suchte überall, auch außerhalb des Gartens. Keine Federn, aber auch kein Merle! Als ich zurückkam, trat sie ganz selbstverständlich aus dem Hühnerhaus, denn sie hatte sich offenbar durch eine Ritze gequetscht oder den Zaun überflogen – zurück zu ihrer alten Gruppe!

Begleithuhn von so einer Unfreundlichen wollte sie nicht sein! Verständlich.

Trotzdem setzte ich sie zurück zu Mimi, blieb aber beim Fressen neben den beiden stehen. Beim kleinsten Knurren nahm ich Mimi auf den Arm und ging ein paar Schritte weg, damit Merle in Ruhe fressen konnte. Während Merle hastig ein paar Bröckchen verschlang, schauten Mimi und ich in die Weinberge. Dies wiederholte sich drei oder vier Mal: Beim kleinsten Mucks musste Mimi Weinberg gucken – bis sie verstanden hatte und tatsächlich nicht mehr knurrte. Die nächsten Tage verliefen friedlicher und Merle blieb als Begleithuhn. Nur abends gab es immer noch Unruhe.

Mimi wollte nicht, dass Merle mit auf die Schlafstange kommt.

Dann kam der nächste Schritt der Wiedereingliederung in die Gruppe. Das in der Rangordnung nächsthöhere Tier sollte dazugesetzt werden, also Dickie. Dickie ist diplomatisch und ausgeglichen. Und so war diese neue Dreier-Konstellation Mimi-Merle-Dickie auch schon nach einem Tag harmonisch. Dickie pickte anfangs ein kleines bisschen, aber nicht ernsthaft. Wenn alles weiter gut verläuft, kommt in ein paar Tagen Nöli dazu – dann ist Berta allein. Sie wird als Letzte zu den anderen dazustoßen und benimmt sich hoffentlich friedlich, mal sehen. Eine Gruppe ist für

mich deutlich einfacher zu handhaben
als zwei.

Dieses Jahr war es außergewöhnlich
warm, schon Mitte Februar konnten wir
viel im Garten sein. Genau zur Monats-
mitte (Februar!), waren plötzlich die
Singvögel wieder da. Was für ein herrliches Gezwitscher! Abends sang die
Amsel das Abendlied, wie im Sommer!
Woher wissen Zugvögel, dass sich das
Klima ändert?

    Die Zusammenführung läuft weiter-
hin gut. Auch mit Nöli kein Problem,
großartig! Ein bisschen Geflatter, aber
keine ernsten Auseinandersetzungen.
Mimi blieb sicherheitshalber erst mal in

meiner Nähe, entspannte sich dann aber
rasch. Gemeinsame Erdarbeiten im Garten ließen alle negativen Gefühle schnell
vergessen. Berta ist nun allein in ihrem
Gehege, jammert erstaunlich wenig.

Nach drei Tagen holte ich Berta und ging mit ihr zum Rest der Gruppe. Um zu sehen, was passiert, und um gegebenenfalls eingreifen zu können, setzte ich mich auf einen Stuhl dazu. Jetzt war es Berta, die nervös war, denn die anderen waren zu einer Gruppe geworden und fühlten sich stark. Berta setzte sich sicherheitshalber auf meine Schulter –

und kleckste zum ersten Mal auf mich – was ihr bisher noch nie passiert war!

Ich hatte Versöhnungshäppchen mitgebracht. Alle fraßen und beäugten sich dabei unauffällig. Berta auf meiner Schulter, die anderen auf dem Boden. Nach ein paar Minuten traute sich Berta auf den Boden zu flattern – und das wars dann schon. Keine Machtkämpfe, keine Hetzjagden – alles friedlich. Geht doch. Ich mag Happy Ends!

Wieder habe ich viel darüber gelernt, wie Hühner ticken. Sie brauchen einfach genügend Zeit, um sich auf neue Situationen einzustellen, besonders wenn ihre Gruppendynamik und Rangordnung betroffen sind.

Ein paar Tage später. Mimi hat sich einen Fuß verknackst. Sie humpelt und sitzt viel herum. Gebrochen ist nichts. Abends wagt sie sich nicht die Hühnerleiter hinaufzugehen und bleibt lieber unten zum Übernachten. Dicht an ihrer Seite ist Merle, die offenbar auch unten übernachten möchte, aus Solidarität. Ist das nett! Die beiden scheinen also wieder gut befreundet zu sein.

April

Eines Tages saß Mimi wieder mit hängendem Schwanz im Auslauf.

Sie ist wieder krank! Dieses Mal ist es ein feststeckendes Ei.

Man nennt es »Legenot« und es kann lebensbedrohlich werden, weil das Ei auch gleichzeitig den Darm verschließen kann. Legedarm und Darm münden beim Huhn in einen Ausgang, die »Kloake«. Zuerst versuchte ich, Mimi durch sanfte Rückenmassagen zum Legen zu bewegen, aber das half nicht, obwohl sie die Massagen irgendwie angenehm fand. Ein improvisiertes Nest mit einem Ei darin, das alte »Nest-on-demand«, welches sie auch in der Vergangenheit schon zum Legen animiert hatte, funktionierte auch nicht. Nun räumte sie es zweimal hintereinander aus, mit großem Kraftaufwand, denn es war nicht leicht für sie, das Ei mit dem Schnabel über den Rand des Obstkistchens zu befördern. Beim ersten Mal sah ich sie nicht in Aktion und hielt es noch für ein Versehen, beim zweiten Mal verstand ich es als deutliches Zeichen dafür, dass sie mit Eiern und Nestern nichts zu tun haben wollte! Das Ei steckte eben fest!

Da es ihr immer schlechter ging, fuhr ich mit ihr von einem Tierarzt zum nächsten.

Die meisten Tierärzte können weder »Huhn« noch röntgen, geschweige denn operieren! Und so verstrich kostbare Zeit. Schließlich fand ich – buchstäblich im letzten Moment – einen Arzt, der auf Ziervögel und Reptilien spezialisiert ist. Er operierte Mimi trotz des großen Risikos, welches damit verbunden ist, da Vögel Narkosen nicht immer lebend überstehen. Mimi war zu diesem Zeitpunkt auch schon ein ziemlich geschwächter Vogel – aber der Arzt war behutsam, ihr Lebenswille siegte und sie überlebte! Das Ei wurde seitlich entfernt, durch einen Schnitt in der Bauchdecke. Der Arzt nahm auf meinen Wunsch hin auch gleich den Eierstock heraus, der tatsächlich voller Zysten war. Und so war Mimi von nun an ein Huhn, welches keine Eier mehr legen musste! Ein außergewöhnliches Huhn also.

Unser netter Nachbar Christoph, der das ganze Drama miterlebt hatte, kommentierte: »Man soll ein Huhn nicht auf das Eierlegen reduzieren!« Und ich fing zum ersten Mal ernsthaft an, darüber nachzudenken, was wir unseren »Nutz-«Tieren durch, auf Höchstleistung zielende Züchtungen eigentlich antun. Mimi war genau solch ein Hochleistungshuhn und hatte bis zu der Episode mit dem feststeckenden Ei zuverlässig täglich ein Ei gelegt, über zwei Jahre lang.

Beim Kauf der Hühner hatte ich die romantische Vorstellung gehabt, dass Hühner vom fahrenden Hühnerhändler, bei dem auch die Winzer und Bauern kaufen, gesunde und einfache, also nicht überzüchtete Hühner sein mussten. Irrtum! Die Hühner habe eine hohe Legeleistung und werden in Massen aufgezogen. Oft tragen sie Krankheiten in sich, die nicht zum Ausbruch kommen, weil sie fast immer bereits nach einem Jahr geschlachtet werden. Damit hatte ich nicht gerechnet, aber damit wurde ich nun konfrontiert.

Ich hatte das frisch operierte Huhn in unseren Arbeitsraum geholt, damit ich es besser im Auge behalten konnte.

Mimis Lieblingsplatz war auf dem Sofa, von dem aus sie einen guten Überblick hatte und auf dem sie vor Raubtieren sicher war. Wir haben keine echten Raubtiere – also Hunde oder Katzen –, aber in Mimis Vorstellung existierten sie. Ein erhöhter Sitz- und Schlafplatz musste sein! Auf dem alten Ledersofa breiteten wir Decken und Handtücher aus, sodass es vor eventuellen Kleksen geschützt war. Zuerst residierte Mimi ausschließlich auf dem Sofa, nahm die angebotenen Leckerlis wie Mehlwürmer, Körner und Salat dort an und erholte sich rasch.

Sie fand den Sofaservice völlig in Ordnung, denn sie war in unserer Nähe.

Das war ihr wichtig. Sie wollte dabei sein, als Teil unserer Schar.

Nach etwa einer Woche wurde ihr das Leben auf dem Sofa langweilig und sie fing an, die nähere Umgebung zu erkunden. In unserem Arbeitsraum oder Atelier gibt es neben dem alten Sofa einen großen Arbeitstisch, ein paar Stühle, einen bequemen Lesesessel und – um die Ecke – eine Küche mit einem kleinen Ess- oder Küchentisch. Außerdem eine Holztreppe hinauf zu einer zweiten Ebene. Dort ist ein Fernseher, noch ein Sofa und mein Schreibtisch mit ein paar Bücherregalen.

Mimi schaute von Anfang an bewundernd zum Geländer der zweiten Ebene hoch, denn das war die höchste »Schlafstange«, die sie je gesehen hatte! Ihre wilden Vorfahren übernachteten zum Schutz vor Raubtieren in Bäumen und vielleicht bedeutet eine hohe Schlafstange zugleich höhere Rangordnung. Auch unsere »Hühnerleiter«-Treppe fand sie toll, denn sie war so viel größer und höher als die im Hühnerhaus.

Zunächst begnügte sie sich damit, auf dem gefliesten Fußboden herumzulaufen, sich alles anzuschauen und sich zu uns zu setzen, zum Beispiel, wenn wir zum Essen an unserem Küchentisch saßen. Sie wirkte zufrieden und zeigte das durch entspanntes Verhalten, guten Appetit und Laute des Wohlgefallens.

Ich war sehr erleichtert, dass Mimis
Leben durch die OP gerettet worden
war, und nahm an, dass nun einem langen und glücklichen Hühnerleben (auch
ohne Eier legen zu müssen) nichts mehr
im Wege stand. Leider sollte ich Unrecht
behalten.

Mai

Wenige Wochen später sprang mir Mimi im Hühnerstall in die Arme. Sie wurde von ihren Kolleginnen offensichtlich gemobbt und war wieder krank! Sie hatte es satt, von den anderen Hühnern ständig gepickt und drangsaliert zu werden.

Besonders Berta, die strenge Hühnerchefin, hatte es auf sie abgesehen. Sie ließ Mimi nicht ans Futter, wollte sie beim gemeinsamen Rumsitzen im Schatten nicht dabei haben und pickte sie sogar auf der Schlafstange! Hühner sind erbarmungslos, wenn es um kranke Artgenossen geht.

Und so fasste sich Mimi ein Herz und sprang mir praktisch in die Arme – was sie noch nie zuvor gemacht hatte und was mir zeigte, wie ernst es ihr war. Sie wollte lieber bei uns Menschen sein!

Sie hatte einen blassen Kamm und Durchfall. Ich fuhr mit ihr zu dem neu gefundenen Vogel-Spezialisten, der ihr Antibiotika verabreichte, etwas von »Leukose« und »unheilbar« sagte und eine Woche in den Urlaub verschwand. Mimi ging es trotz der Antibiotika nicht besser, im Gegenteil. Ich konnte fühlen, dass sie rasch dünner und schwächer wurde. Solche Notfälle passieren immer am Wochenende oder in der Urlaubszeit! Glücklicherweise fand ich über eine

Notfall-Hotline eine Tierärztin, die auch Huhn kann. Sie sagte, ich solle schnell kommen, eine halbe Stunde später

waren wir dort. Ihre Diagnose war eine Entzündung im Magen-Darm-Trakt und sie gab mir ein anderes Antibiotikum, welches sofort Wirkung zeigte. Halle-lujah!

Nach einer Woche war kein Blut mehr im Kot und so langsam ging es Mimi besser. Sie lebte wieder bei uns im Atelier, lief frei herum und der Fußbo-den, dessen Fliesen ungefähr Hühner-klecksfarbe haben (auf magische Weise wusste ich schon bei der Renovierung Jahre vorher, dass wir diese Farbe einmal brauchen würden!) erwies sich als abso-lut »chicken-proof«. Manchmal nahm ich Mimi auf den Schoß und wärmte ihr mir

den Händen den Bauch. Wenn das Umfeld ruhig war, entspannte sie sich, sank langsam herunter in Gemütlichstellung und schloss die Augen.

Inzwischen fraß sie wieder mit mehr Appetit und hatte sich an das Leben mit uns in dem großen Menschen-Hühnerhaus gewöhnt. Man sah ihr an, wie beeindruckend sie es fand, dort mit uns zu leben. Sie tat alles, um dazuzugehören. »Ach so läuft das hier, o.k., dann mache ich das auch so.« Wenn Inge in ihrem Sessel las oder ein Nickerchen machte, setzte sich Mimi daneben.

So macht man das unter Hühnern: Man macht fast alles zusammen.

Nach Kurzem war es umgekehrt. Mimi setzte sich neben den Lesesessel und schaute Inge unverwandt an. Inge verstand die Aufforderung und setzte sich in den Sessel. Zufrieden schloss Mimi die Augen. Wenn wir uns an den Tisch setzten, um zu essen, setzte sich Mimi unter den Tisch oder ging zu ihren eigenen Futterschälchen. Wenn wir beide den Raum verließen, lief Mimi herum, um uns zu suchen. Sie wollte nicht allein sein.

Wenn Besuch kam und wir zusammensaßen, um zu reden, schaute sich Mimi zuerst aus sicherer Entfernung die ihr unbekannten Menschen an und kam dann zu uns, setzte sich mit dazu und blieb dabei, bis der Besuch wieder ging. Wenn sie den Besuch nicht vertrauenswürdig fand, blieb sie in sicherer Distanz und beobachtete nur.

Bei Anbruch der Dunkelheit gingen wir Menschen meist zum Fernsehen nach oben, während Mimi wie gewohnt auf ihr Sofa hüpfte. Nach einer Weile schien sie aber irgendetwas zu stören. Sie war unruhig, lief auf dem Sofa herum und machte einen langen Hals. Mit Augen und Schnabel deutete sie nach oben zu unserer hohen »Schlafstange« und piepste. Da begriff ich endlich: Sie wollte mit uns kommen. Also trug ich sie hinauf und sie setzte sich, sichtlich zufrieden,

auf die große Liegefläche des Fernseh-Sofas, entspannt auf der Seite liegend an Inges Bein gelehnt. Dann tat sie das, was wir auch taten, nämlich reglos auf dieses merkwürdige Fenster zu schauen, hinter dem sich so viel bewegte. Es war eine Sendung über einen bekannten Politiker. Inge schlief nach ein paar Minuten ein, Mimi und ich schauten die ganze Sendung an. Zu gern hätte ich gewusst, was in Mimis Kopf vorging! Sie war die ganze Zeit sehr aufmerksam und wach. Als wir dann ins Bett gehen wollten und ich Mimi zu ihrem Sofa brachte, protestierte sie laut! Ihrer Meinung nach sollten wir auch zusammen schlafen – wenn schon nicht auf der tollen Schlafstange, dann doch wenigstens auf dem großen Fernseh-Sofa. Hauptsache zusammen, so wie sich das bei Hühnern gehört.

Wir entschieden uns, trotz Mimis Protest in unseren Menschenbetten zu schlafen – ohne Mimi –, und sie gab sich mit dem Sofa zufrieden. Aber zusammen fernsehen, das musste von nun an sein!

Obwohl sie die Sendung so aufmerksam verfolgt hatte, waren ihre Lieblingssendungen ganz eindeutig Tierfilme. Besonders wenn auch Vögel und Vogelstimmen vorkamen, wurde sie ganz aufgeregt. Als wir eine Sendung über Kraniche sahen, kommentierte und gackerte sie lebhaft. Andere Sendungen schaute sie gar nicht an. Sie setzte sich seitwärts zum Bildschirm und schlief einfach ein bisschen.

Juni

Dann ging es Mimi laufend schlechter, trotz Antibiotikum. Sie fraß kaum noch, trank aber viel. Sie humpelte ein bisschen, so als hätte sie Schmerzen.

Mimi lebte weiterhin gern bei uns, suchte auch ganz ausdrücklich unsere Nähe. Am liebsten saß sie neben Inge und ihrem Lesesessel. Wenn wir das Atelier verließen, kam sie zur Tür, um uns zu suchen. Wir versuchten, immer da zu sein – wenigstens eine von uns.

Wir sagten sogar ein Familientreffen ab, was auf wenig Verständnis stieß. »Was? Wegen eines Huhns?!« Und wieder der Satz: »Es ist doch nur ein Huhn.«

Eines Tages, nach etwa vier Wochen gemeinsamen Lebens war klar, dass Mimi sterben wollte. Sie hatte aufgehört zu fressen. Bis auf die Körperhaltung – gebogener Rücken, eingezogener Kopf,

Schwanz hängend – haben Hühner keine Ausdrucksmöglichkeiten wie Hunde und Katzen, die durch Mimik oder Stimme ziemlich deutlich mitteilen können, wie ihnen zumute ist. Die Zeichen bei Vögeln sind viel subtiler. Mimi lebte bis zuletzt ihren Tagesablauf, nachts schlief sie auf dem Sofa, morgens hüpfte sie herunter, trank ein bisschen, fraß ein bisschen, dann ging sie zielstrebig zu ihrem Platz neben Inges Sessel. Abends kam sie manchmal noch mit uns fernsehen und hüpfte dann wieder auf ihr Sofa.

Als sie nicht mehr fraß und nur noch herumsaß, war uns klar, dass sie genug hatte. Ein freundlicher Tierarzt, der gerade in der Nähe war, kam sogar zu uns ins Haus. Mimi saß auf meinem Schoß, er gab ihr zwei Spritzen mit Narkosemittel. Eine in den Bauchraum und die zweite – als sie schon keine Reflexe mehr zeigte – in die Nähe des Herzens. Ich heulte Rotz und Wasser und war froh, nicht in der Tierarztpraxis sein zu müssen. Als wir dem Tierarzt ein bisschen von Mimi als Haushuhn erzählten, schien das für ihn nicht neu zu sein. Er sagte: »Hühner werden bei Weitem unterschätzt!«

Der Bericht aus der Pathologie bestätigte den Verdacht. Mimi hatte einen Tumor.

Nachwort

Mimi war ein Huhn wie viele Millionen andere. Rotbraunes Gefieder, klarer Blick, roter Kamm, zuverlässige Eierproduzentin. Durch unser ungewöhnliches Zusammenleben hatten wir Gelegenheit, sie – und ihre Kolleginnen – als Persönlichkeiten kennenzulernen. Sie zeigten uns, dass sie Gefühle und Vorstellungen haben, dass sie liebenswerte und hoch differenzierte Geschöpfe sind, die unseren Respekt und unsere Empathie verdienen. So wie alle Lebewesen. Ich stellte mir vor, was unsere Nutztiere, also neben Hühnern auch Rinder und Schweine, erleben müssen, wenn sie so leben, wie wir Menschen ihnen das bei konventioneller Haltung zumuten. Eingezwängt auf viel zu wenig

Raum, ohne jede Rücksicht auf ihr Sozialleben, ihre Wünsche und ihre natürlichen Bedürfnisse, gezüchtet, um den höchsten Ertrag zu erwirtschaften.

Milchkühe müssen bei konventioneller Haltung ihr Leben lang im Stall stehen, dürfen nie auf eine Wiese, nie in der Sonne liegen, nicht selbst ihre Kälbchen aufziehen – alles »aus Kostengründen«. Fleischrinder werden auf langen Transporten gequält, weil die Schlachtung im Ausland etwas billiger ist, und kommen verdurstet und halbtot im Schlachthof an – grauenvoll! Schweine – hoch intelligent und sensibel – werden so zusammengepfercht gehalten, dass sie

vor lauter quälender Langeweile anfangen, aneinander herumzuknabbern. Vollgefüllt mit Antibiotika dürfen sie sich nie suhlen, in der Erde wühlen oder spielen! Hühner, die als Masthähnchen aufgezogen werden, sind so gezüchtet, dass sie nicht einmal mehr auf einer Stange sitzen können, ohne wegen ihrer riesigen Hühnerbrust Übergewicht zu bekommen. Manche brechen sich auch die Knochen, einfach durch ihr viel zu hohes Eigengewicht. Und Legehennen sind nach einem Jahr schon so ausgelaugt und gesundheitlich angeschlagen, dass sie nur noch geschlachtet werden können! Mimi war so ein hochgezüchtetes Huhn, welches jeden Tag ein Ei legen musste. Ich bin sicher, dass ihre Krankheiten damit zu tun hatten.

Es wurde mir klarer als je zuvor, dass Tiere ausschließlich für den schnellen Verbrauch und möglichst hohen Gewinn gezüchtet werden. Sie sind so etwas wie kurzlebige Konsumartikel. Was zählt, sind »Legeleistung« und »Fleischertrag«, bei manchen Hühnerrassen vielleicht auch schönes Gefieder – aber viel zu selten geht es darum, den Tieren ein lebenswertes, ihnen gemäßes glückliches Leben zu ermöglichen. Auch bei dem sogenannten »Tierwohl« geht es nur um ein paar Quadratzentimeter mehr Platz in einem ansonsten erbarmungswür-

digen Dasein. Was ist bloß los mit uns Menschen? Wo ist unsere Empathie?? Für unsere privaten Haus- oder Gartentiere haben wir sie im Überfluss, unsere Nutztiere dagegen bekommen viel zu wenig davon!

Eigentlich kaum zu fassen, dass wir Verbraucher immer noch billig produziertes Fleisch und Milchprodukte kaufen und dieses Leid einfach ignorieren! Die Landwirte können nur noch durch Subventionen überleben und produzieren immer mehr und immer billiger gegen die niedrigen Preise an – auf Kosten der Tiere. Ein völlig absurder Teufelskreis! Irgendetwas an unserem System ist total aus dem Ruder gelaufen!

Hühner aus der Nähe zu erleben und ihnen ein gutes Leben zu ermöglichen, ist auf diesem Hintergrund besonders beglückend – auch wenn die Diskrepanz zur Art und Weise, wie wir Nutztiere im »Normalfall« halten, dadurch nur noch sichtbarer und unerträglicher wird.

Wir haben im Zusammenleben mit unseren gefiederten Mitbewohnern viel von unseren Hühnern gelernt und sehen diese Tiere inzwischen mit ganz anderen Augen. Natürlich haben sich dadurch auch unsere Ernährungs- und Einkaufsgewohnheiten verändert. Wir kaufen anders ein, essen deutlich weniger Fleisch – und wenn, nur von Tieren aus artgerechter Haltung – so weit wir das beurteilen können.

Vielleicht konnte ich durch meine Beschreibungen die Hühnerfreundin oder den Hühnerfreund in Ihnen wecken und Sie anregen, Hühner und andere Nutztiere mit anderen Augen zu sehen.

Anhang

Hier finden Sie praktische Tipps, Infos und Erfahrungswerte für den Umgang mit Hühnern im eigenen Garten.

Hühnersprache

Die Sprache der Hühner ist vielseitig und höchst differenziert. Sie können schnurren, knurren, quietschen, summen, quengeln, schreien, knöttern, trompeten, gluckern, glucksen, fiepen, schimpfen, plaudern, gackern, brummeln und singen. Um damit Freude, Angst, Sehnsucht, Begeisterung, Missfallen, Ärger, schlechte Laune, Ungeduld,

Furcht, Langeweile und höchstes Vergnügen auszudrücken. Ihre Sprache hat viel mit Tonhöhen zu tun, aber auch mit kurzen oder längeren Lauten und unterschiedlichen Lautstärken. Positiv gestimmte Äußerungen werden oft durch

Aufwärts-Intervalle, negative meist durch Abwärts-Intervalle und Glissandi ausgedrückt.

Der aufmerksame Hühnerhalter lernt schnell die verschiedenen Gefühle und Regungen sowie Ausdrucksweisen der ganz persönlichen »Dialekte« der einzelnen Hühner zu unterscheiden und kann sie auch teilweise nachahmen.

Die Bedeutung der einzelnen Laute sind nicht so scharf umrissen wie Worte unserer Sprache, können aber aus dem Kontext heraus verstanden und interpretiert werden.

Körpersprache

Vieles wird ganz unmittelbar über Körpersprache kommuniziert, wie zum Beispiel soziale Interaktionen. Von oben herab picken oder sogar draufsitzen, bedeutet Überlegenheit. Sich ducken, heißt Unterordnung. Sich groß machen, dabei die Halsfedern sträuben wie eine Flaschenbürste soll das Gegenüber, zum Beispiel ein anderes Huhn oder einen Hund, einschüchtern. Langer, dünner Hals bedeutet Angst. Bewegungslos innehalten heißt: gefährlichen Greifvogel gesehen oder gehört. Herumsitzen mit gekrümmtem Rücken und halb geschlossenen Augen: Unwohlsein, vielleicht Krankheit. Gemeinsames

Gefiederputzen und Niederlassen: Entspannung und Wohlbefinden.

Sich wälzen und dabei mit den Beinen strampeln: Sandbad, großes Wohlbefinden.

Sozialverhalten

Hühner und Hierarchien sind untrennbar verbunden. Meist gibt es einen Hahn oder eine Henne als Chef oder Chefin. Der Chef oder die Chefin sorgen für Ordnung in der Gruppe, beschützen alle Mitglieder vor Gefahren und zeigen gute Futterquellen. Allerdings gehört dazu auch, fremde oder neue Hühner im Territorium zu bekämpfen, kranke oder schwache Tiere auszustoßen und manchmal sogar zu töten! In der Wildnis ist dies Teil der Überlebensstrategie, denn eine Gruppe mit kranken oder schwachen Mitgliedern ist gefährdet. Hühner haben Freund- und Feindschaften. Davon hängt ab, wie – und ob – eine Hühnergruppe harmonisch ist oder nicht.

Eier

Ein Ei ist etwas ganz Besonderes, eine kleine Kostbarkeit an wertvollen Inhaltsstoffen.

Unglaublich, dass ein Huhn es schafft, (fast) jeden Tag so ein kleines Wunderwerk zu produzieren! Die meisten Nutztier-Hühnerrassen sind so gezüchtet, dass sie fast jeden Tag ein Ei legen *müssen,* auch wenn dies ihre Körper auszehrt! Hühner in Massentierhaltung sind durch diese starke Beanspruchung schon nach einem Jahr völlig ausgelaugt, haben Osteoporose und andere Krankheiten, zum Beispiel des Legeapparats. »Normalerweise« werden sie dann geschlachtet.

An der Legefrequenz, der Härte und Oberfläche der Schale kann man als Hühnerhalter viel über die Verfassung der Tiere ablesen. Wenn die Schale dünn oder rau ist, fehlt Kalk im Futter. Der Legerhythmus kann leicht gestört werden, zum Beispiel durch Aufregung, Wetter- oder Futterwechsel. Hennen ohne Hahn legen unbefruchtete Eier.

Futter

Wir Menschen essen das, was Hühner produzieren.

Die Sorgfalt beim Füttern bekommen wir also zurück, nicht nur als leckere Eier, sondern auch in Form gesunder und zufriedener Tiere. Unsere Hühner bekommen einmal am Tag eine speziell für sie zubereitete Mahlzeit, haben aber immer Zugang zu Körnerfutter/Lege-mehl und frischem Wasser. Man kann sie morgens oder abends füttern, wie es besser passt. Wenn man sich entschieden hat, sollte man dabei bleiben. Wir finden den Abend praktisch, weil wir sie dann auch früher in den Stall locken können, um noch weggehen zu können. Außer-dem schläft es sich als Huhn gut mit vollem Kropf.

Hühner sind, wie wir Menschen, Alles-fresser. Sie fressen Kohlenhydrate wie zum Beispiel Körner, Brot, Reis, Nudeln gleichermaßen lustvoll wie Proteine und

Fette, zum Beispiel in Knorpel, dem Fettrand vom Fleischstück, gekochtem Ei, Fischhaut, Mehlwürmern, Käse- oder Wurststückchen.

Vorsicht ist bei salzigen Nahrungs-mitteln geboten, Wurst oder Käse kann viel Salz enthalten.

Gemüse, Kräuter, Salat, Obst und Gemüse (also Vitamine und Mineralien) sind immer willkommen. Geriebene Möhren, aber auch Zwiebeln, Knob-lauch oder Lauch sind beliebt.

Unsere Mädels mögen sauren Ge-schmack wie in kleinen Mengen Sauer-ampfer oder Rhabarber genauso wie kräftig schmeckende Kräuter zum Bei-spiel Liebstöckel, Thymian, Rosmarin,

Oregano, Brennnesseln, natürlich alles klein gehackt.

Was roh nicht gefressen wird, wie zum Beispiel Kohl, Karotten- oder Kartoffelschalen, wird kurz gekocht, dann schmeckt's. Hartes Brot wird in Wasser eingeweicht und dann ausgedrückt. Verdorbene oder schimmelige Lebensmittel gehören natürlich nicht ins Futter!

Im Winter lasse ich Körner (Hühnerfutter) in einem Sieb keimen, um den Mangel an Grünfutter (Vitaminen und Mineralien) auszugleichen. Gegen Langeweile und zum Fressen wird gern Löwenzahn und frisch gemähtes, kurzes Gras genommen. (Längere Grashalme können sich zu einem Ballen im Kropf formen, der dann ggf. vom Tierarzt entfernt werden muss!)

Ein abwechslungsreiches Angebot gefällt Hühnern genauso wie uns. Wenn die Hühner etwas gar nicht mögen, lassen sie es einfach liegen. Hühnerhalter werfen fast nichts in den Kompost (und schon gar nicht in den Müll!), denn

fast alles wird zu leckeren Eiern »recycelt«, sogar die eigenen Eierschalen, die gemahlen für eine ausreichende Kalkzufuhr sorgen. Der kompostierte Kot verwandelt sich zu feinster Gartenerde; unkompostiert ist er zu scharf für die Pflanzen.

Fressen

Hühner können weder abbeißen noch kauen, deshalb brauchen sie weiches oder klein geschnipseltes Futter, damit es sich picken lässt. Sehr feuchtes Futter fressen sie nur zögerlich und mit viel Kopfschütteln, denn es könnte ihre Nasenlöcher verstopfen. Abhilfe schaffen zum Beispiel untergemischte Haferflocken, welche die Feuchtigkeit aufsaugen. Eine leicht feuchte Müslikonsistenz wird gern genommen, im Sommer etwas feuchter als im Winter.

Trinken

Die Eierproduktion braucht ausreichend Feuchtigkeit. Hühner sollten immer Zugang zu frischem Trinkwasser haben, denn auch nur wenige Stunden ohne Wasser können das Eierlegen empfindlich stören und das Huhn dehydrieren. Bei Hitze ist dies besonders wichtig, am besten stellt man gleich mehrere Trinkgefäße an verschiedenen Standorten auf. Aber auch in den kalten Wintermonaten muss das Wasser immer eisfrei sein und gegenenfalls mehrmals täglich gewechselt werden.

Hitze und Kälte

Speziell in Süddeutschland sind die Sommer oft heiß. Da Hühner nicht schwitzen können, leiden sie wegen ihres »Ganzkörperdaunenanzugs« und ihrer Körpertemperatur von 41 Grad unter Hitze sehr viel extremer als unter Kälte. Eine Möglichkeit, das Leben im Sommer zu erleichtern – neben Schattenplätzen – ist, einen Sack Spielsand in einer niedrigen Wanne feucht zu halten. Die Hühner stehen und sitzen gerne darin und kühlen sich über ihre Füße ab. Unsere Hühner lieben bei Hitze auch gekühlten Eisbergsalat, ihr »Hühner-Eis«.

Bei Kälte rücken die Hühner auf der Schlafstange zusammen und wärmen sich gegenseitig. Gesunde Hühner benötigen auch in sehr kalten Wintern in unserer Region keine zusätzliche Heizung. Im Winter brauchen sie etwa die doppelte oder dreifache Menge an Futter, dann können sie sich warm halten und legen weiter.

Schlafen

Hühner schlafen auf Stangen, ähnlich wie ihre wilden Vorfahren, die nachts auf Bäume flatterten, um vor Raubtieren sicher zu sein. Die Schlafstangen sollten etwa 4 × 6 cm stark sein (hochkant), abgerundet und etwas erhöht im Stall angebracht werden. Ein praktischer Mechanismus in den Krallen verhindert, dass die schlafenden Hühner nachts von der Stange fallen.

Hygiene

Sehr bewährt hat sich bei uns eine Kotbox unter den Schlafstangen. Sie ist einfach sauber zu halten. Die Kotbox besteht aus einem etwa 10 cm hohen

Holzrahmen, bespannt mit grobmaschigem Draht (optimale Maschenweite etwa 2,5 × 5 cm), damit die Hühner nicht in den Kot treten können, der Kot aber hindurch fällt. Unter der Kotbox liegt mehrlagig Zeitungspapier. Hühner koten nachts, während sie auf ihren Schlafstangen sitzend schlafen. Der Kot fällt durch den Draht auf das Zeitungspapier. Ein- bis zweimal die Woche wird die Kotbox herausgenommen oder hochgeklappt, das Zeitungspapier mit dem Kot zu einer Rolle gewickelt und in den Kompost gegeben. Neues Zeitungspapier auslegen, Kotbox zurück – fertig.

Zweimal im Jahr, vor und nach der heißen Sommerzeit, wird das gesamte Hühnerhaus sehr gründlich gereinigt. Dazu werden alle beweglichen Teile entfernt (Sitzstangen, Legenest), alles mit Wasser und Bürste geschrubbt. Ich gebe bei starker Verschmutzung entweder etwas Spülmittel oder Essigessenz ins Wasser. Die Legestangen werden eingeölt, um Milben vorzubeugen. Auch das regelmäßige Verteilen von Kieselgur auf den Schlafstangen, im Legenest und der Einstreu verhindert die übermäßige Vermehrung von Milben.

Kieselgur ist ungiftig, sollte aber nicht in Augen oder Nase gelangen (weder die des Huhns noch die des Menschen). Chemische Desinfektionsmittel sollten, wenn überhaupt, nur streng nach

Anweisung und mit gründlicher Lüftung des Stalls (ohne Hühner) verwendet werden.

Parasiten

Besonders in den Sommermonaten werden Hühner von Milben und Flöhen geplagt. Sie sind dann unruhig, kratzen und putzen sich ständig. Kieselgur ist ein Pulver, welches aus Kieselalgen hergestellt wird. Es bekämpft mechanisch (nicht chemisch) das Ungeziefer, da die Kristalle die Atemöffnungen (Tracheen) der Insekten verstopfen. Man kann es im Internet bestellen. Ich streue nach dem Reinigen des Stalls Kieselgur auf die Sitzstangen und auf das Nest, um gegen die gefürchtete Vogelmilbe und andere nächtlichen Sauger vorzubeugen. Außerdem streue ich getrocknete Blüten und Blätter von Pflanzen mit ätherischen Ölen aus dem Garten (z. B. Lavendel oder Kräuter) auf die Einstreu und ins Nest.

Würmer

Im Frühling gibt es viele Wurmeier im Gras, welche mit dem Gras gefressen werden. Es empfiehlt sich, im Frühjahr eine Wurmkur mit einem – vom Tierarzt verschriebenen – Mittel zu machen. Vorher wird eine Kotprobe zur Analyse gegeben. Die Anwendung des Wurmmittels ist einfach, wenn das Medikament (zum Beispiel »Flubenol«) im Trinkwasser aufgelöst verabreicht wird.

Hühnerauslauf

Je nach Witterung und Beschaffenheit des Untergrunds/der Wiese brauchen Hühner öfter einmal einen Wechsel ihrer »Weidegründe«, damit sich das Gras erholen und Parasiten sich nicht übermäßig ausbreiten können. Ideal ist eine Wiese mit Gebüsch, Bäumen und einem dichten Zaun. Ein Steckzaun ist praktisch und lässt sich leicht umstecken. Die Metallstäbe werden in die Erde gesteckt, die Netze zusätzlich mit Heringen gesichert. Unsere fünf Hühner hatten nach einigen Wochen das Gras unserer etwa

50 Quadratmeter großen Wiese klein gescharrt und wir waren froh um das Angebot unserer Nachbarin, ihren verwilderten Garten zu nutzen. So konnten wir das Terrain wechseln. Inzwischen wissen wir, dass eine ungemähte Wiese sehr viel widerstandsfähiger ist als eine gemähte. Die Hühner bahnen sich Pfade durchs hohe Gras und scharren weniger.

Hühnerhaus

Jedes Hühnerhaus ist anders, sollte aber sowohl die Bedürfnisse der Hühner (trocken, hell, sauber, gut gelüftet, Schutz vor Raubtieren) als auch deren Menschen (bequemes Reinigen und Füttern) berücksichtigen. Die Behausung kann sehr unterschiedlich aussehen, je nach Vorhandenem (zum Beispiel ein alter Schuppen), Fantasie des Halters, klimatischen Verhältnissen und eventuell vorhandenen Raubtieren. Siehe auch Buchtipp (Seite 122).

Unser Hühnerhaus hat ein Pultdach und eine Regenrinne. Das aufgefangene Regenwasser ist Trinkwasser für die Hühner und Gießwasser für die Pflanzen in der Nähe. Hinter dem Hühnerhaus stehen mehrere Komposttonnen, in die neben den für Hühner nicht verwertbaren Küchenabfällen auch Gartenabfälle und der Hühnermist kommt. Unsere Hühner werden wegen der Marder und Füchse in unserer Gegend jeden Abend im Stall eingeschlossen und am Morgen herausgelassen.

Das Haus hat eine Grundfläche von 2×3 m, ein Fundament und natürlichen Erdboden. Der Raum zum Schlafen und Legen ist erhöht, in bequemer Stehhöhe für Menschen. Er hat 1×2 m Grundfläche und kann von beiden Seiten zum Reinigen geöffnet werden. Auf dem

Boden des Schlaf-/Legeraums liegt eine Siebdruckplatte. Sie ist wasserfest und erleichtert das Sauberhalten enorm. Auf der Platte ist die Einstreu, zum Beispiel Sägespäne. Jede Tür hat ein Fenster, sodass Licht in den Schlaf-/Legeraum fällt. Die Schlafstangen sind 4×6 cm dick und abgerundet. Sie werden etwa 40 cm über dem Boden montiert.

Das Legenest ist vom Schlaf-/Legeraum aus erreichbar und hat außen eine Klappe zum Entnehmen der Eier.

Bei den Schlafstangen und oberhalb des Legenestes befinden sich Lüftungsgitter. So gibt es immer frische Luft, ohne dass Zugluft entsteht (siehe Zeichnungen Seitenansicht und Grundriss, Seiten 120 und 121).

Die Hühner kommen über eine Hühnerleiter in den Schlaf- und Legeraum oder herunter. Unter dem Schlafraum sind die Wände an drei Seiten geschlossen. So haben die Bewohnerinnen einen Teil des Hauses, in den sie sich bei starker Sonne, Regen oder Wind zurückziehen können. Der Schlafraum oben und die große Fläche unten haben den Vorteil, dass die Hühner morgens vorm Öffnen der Türchen sich schon frei bewegen, fressen, trinken und – falls notwendig – auch mal einige Zeit im Stall bleiben können.

Grundriss Hühnerstall

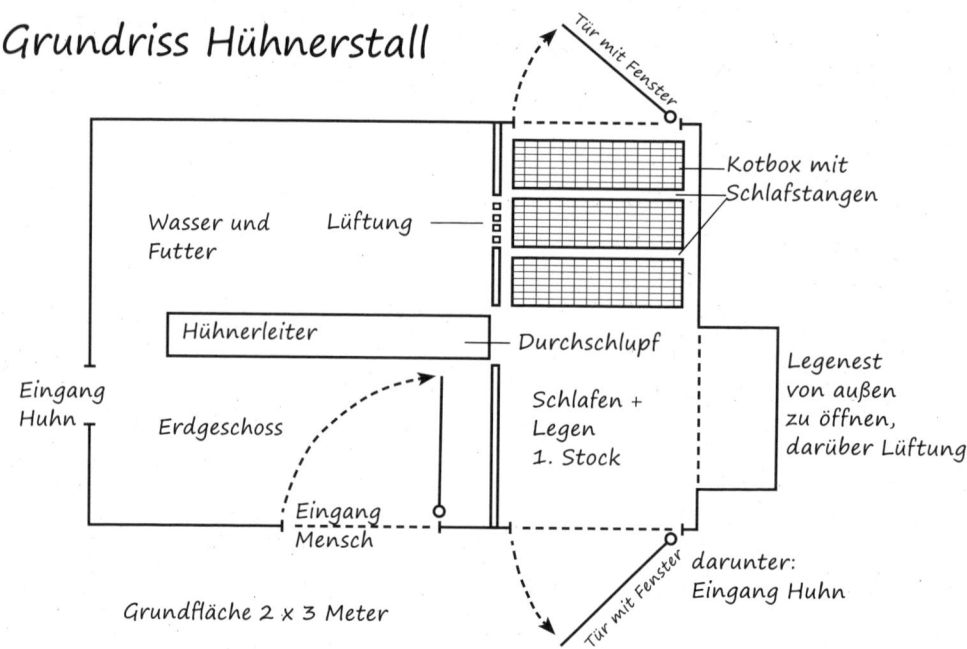

Tür mit Fenster

Kotbox mit
Schlafstangen

Wasser und
Futter

Lüftung

Hühnerleiter

Durchschlupf

Legenest
von außen
zu öffnen,
darüber Lüftung

Eingang
Huhn

Erdgeschoss

Schlafen +
Legen
1. Stock

Eingang
Mensch

Tür mit Fenster

darunter:
Eingang Huhn

Grundfläche 2 x 3 Meter

Seitenansicht

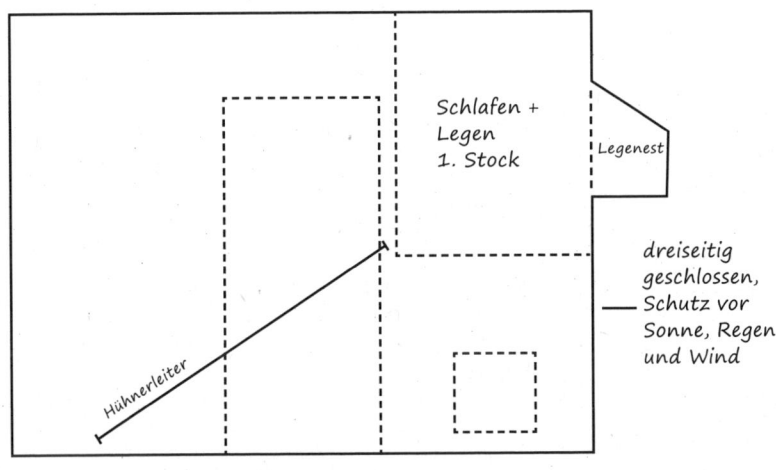

Schlafen +
Legen
1. Stock

Legenest

dreiseitig
geschlossen,
Schutz vor
Sonne, Regen
und Wind

Hühnerleiter

Buchtipp und Internet

Es gibt zahlreiche gute Bücher über Hühnerhaltung.

Inspiration und Hilfe, zum Beispiel mit den Maßen im Hühnerhaus, war für uns das Buch »Hühner in meinem Garten, alles über Haltung und Ställe« von Beate und Leopold Peitz und Wilhelm Bauer, Ulmer Verlag.

Auch im Internet findet man viele Infos und Foren. Teilweise sind diese hilfreich, zum Teil scheinen sie aber auch überholt und gefährlich. Beispielsweise würde ich ein brütiges Huhn niemals in kaltes Wasser tauchen oder auch nie ein gemobbtes Huhn nur mit Schmerzmitteln versorgen, es ansonsten aber seinem Schicksal überlassen!

Wie bei allem, was im Internet zu finden ist, sollte man die angebotenen Infos kritisch hinterfragen und seinen gesunden Menschen- oder Tierverstand nutzen.

Absolut unterstützenswert finde ich
die Arbeit von »Rettet das Huhn e. V.«.
Der Verein übernimmt Legehennen aus
Massentierhaltungen und vermittelt sie
an Privatpersonen, die diesen Tieren
ein artgerechtes, erfülltes Hühnerleben
schenken möchten. Die Hühner sind oft
schon nach einem Jahr »Bodenhaltung«
(9 Hennen pro Quadratmeter, ohne
Auslauf, etwa 300 Eier/Jahr Legeleistung) in einem erbärmlich herunter-
gekommenen Zustand und werden dann
»normalerweise« geschlachtet.
www.rettet-das-huhn.de

Die Autorin

Silke Braemer hat Musik und Kunst/ Gestaltung in den USA und Deutschland studiert, zehn Jahre freiberuflich als Filmemacherin und zehn Jahre als Professorin in der Lehre gearbeitet.

Sie ist Tochter von Verhaltensbiologen (Max-Planck-Institut für Verhaltensforschung, Seewiesen), lebt und arbeitet mit drei anderen Menschen und ihren Hühnern auf einem alten Winzerhof in Ihringen am Kaiserstuhl. Sie wuchs mit zwei Schwestern und vielen Haustieren auf, darunter Hunden, Katzen, Hamstern, Mäusen, Papageien und einer zahmen Dohle. Laufen übte sie an einem sehr geduldigen Siamkater. Von klein auf lernten die Geschwister, Tiere zu beobachten, sie mit ihren Eigenheiten und Bedürfnissen zu respektieren und ihre Sprachen zu verstehen. Sie haben dies vor allem ihrer Mutter Dr. Helga Braemer (1928 – 2009) zu verdanken.

Ihr sind diese Aufzeichnungen gewidmet.

Andere Bücher aus dem pala-verlag

Nina Dittmann:
Wachteln im Garten
ISBN: 978-3-89566-391-8

Nina Dittmann:
**Vom Glück,
Schweine zu hüten**
ISBN: 978-3-89566-360-4

A. Arnold / R. Reibetanz:
Alles für die Ziege
ISBN: 978-3-89566-383-3

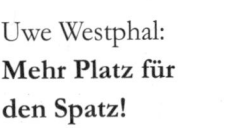

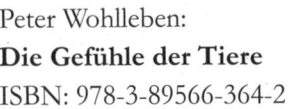

Uwe Westphal:
**Mehr Platz für
den Spatz!**
ISBN: 978-3-89566-353-6

Peter Wohlleben:
Die Gefühle der Tiere
ISBN: 978-3-89566-364-2

Werner David:
**Fertig zum Einzug:
Nisthilfen für
Wildbienen**
ISBN: 978-3-89566-358-1

Gesamtverzeichnis:
pala-verlag, Rheinstraße 35, 64283 Darmstadt
www.pala-verlag.de, E-Mail: info@pala-verlag.de

ISBN: 978-3-89566-397-0
© 2020: pala-verlag,
Rheinstr. 35, 64283 Darmstadt
www.pala-verlag.de

Alle Rechte vorbehalten
Illustrationen und Titelbild: Silke Braemer
Autorinnenfotos: Inge Osswald
Lektorat: Wolfgang Hertling
Druck und Bindung: Druckhaus Nomos, Sinzheim
www.nomos-druck.de
Printed in Germany

Gedruckt auf
100% Recyclingpapier